Nitrogênio
O sétimo elemento

Luiz Cláudio de Almeida Barbosa

Reinaldo Bertola Cantarutti

Nitrogênio
O sétimo elemento

Luiz Cláudio de Almeida Barbosa

Reinaldo Bertola Cantarutti

Copyright © 2019 by Editora Letramento
Copyright © 2019 Luiz Cláudio de Almeida Barbosa e Reinaldo Bertola Cantarutti
Copyright © 2019 Sociedade Brasileira de Química

Diretor Editorial | **Gustavo Abreu**
Diretor Administrativo | **Júnior Gaudereto**
Diretor Financeiro | **Cláudio Macedo**
Logística | **Vinícius Santiago**
Designer Editorial | **Luís Otávio Ferreira**
Assistente Editorial | **Giulia Staar e Laura Brand**
Revisão | **Claudia Moraes de Rezende e Rossimiriam Pereira de Freitas**
Capa e diagramação | **Gustavo Zeferino**

Todos os direitos reservados.
Não é permitida a reprodução desta obra sem
aprovação do Grupo Editorial Letramento.

Dados Internacionais de Catalogação na Publicação (CIP) de acordo com ISBD

B238n   Barbosa, Luiz Cláudio de Almeida

           Nitrogênio: o sétimo elemento / Luiz Cláudio de Almeida Barbosa, Reinaldo Bertola Cantarutti. - Belo Horizonte : Letramento ; SBQ ; UNESCO ; IYPT, 2019.
           110 p. : il. ; 15,5cm x 22,5cm.

           Inclui bibliografia.
           ISBN: 978-85-9530-247-1

           1. Química. 2. Nitrogênio. 3. Elementos químicos. I. Cantarutti, Reinaldo Bertola. II. Título. III. Série.

           CDD 547.7
2019-741   CDU 547.9

Elaborado por Vagner Rodolfo da Silva - CRB-8/9410

Índice para catálogo sistemático:
1. Química : Nitrogênio 547.7
2. Química : Nitrogênio 547.9

Belo Horizonte - MG
Rua Magnólia, 1086
Bairro Caiçara
CEP 30770-020
Fone 31 3327-5771
contato@editoraletramento.com.br
editoraletramento.com.br
casadodireito.com

SUMÁRIO

PREFÁCIO — 7

AGRADECIMENTOS — 9

CAPÍTULO 1
A DESCOBERTA DE UM NOVO ELEMENTO — 11

- 1.1. ELEMENTOS QUÍMICOS E SUBSTÂNCIAS — 14
- 1.2. A DESCOBERTA DO NITROGÊNIO — 18
- 1.3. O NOME DO NOVO ELEMENTO — 22
- 1.4. NITROGÊNIO COMBINANDO COM OUTROS ELEMENTOS — 23
- 1.5. ESTADOS DE OXIDAÇÃO DO NITROGÊNIO — 26
- 1.6. LIQUEFAZENDO GASES — 30
- 1.7. USOS DO NITROGÊNIO GASOSO E LÍQUIDO — 33

CAPÍTULO 2
NITROGÊNIO: DA PÓLVORA AO VIAGRA — 35

- 2.1. DO SALITRE À PÓLVORA — 36
- 2.2. NITROGLICERINA E OUTROS EXPLOSIVOS NITROGENADOS — 40
- 2.3. NITROGLICERINA: DE EXPLOSIVO A MEDICAMENTO — 46
- 2.4. DO ÓXIDO NÍTRICO AO VIAGRA — 47

CAPÍTULO 3
A FIXAÇÃO DO NITROGÊNIO — 53

3.1. ALGUNS COMPOSTOS NITROGENADOS ESSENCIAIS À VIDA — 53

3.2. FONTES NATURAIS DE NITROGÊNIO FIXADO — 58

3.3. A FIXAÇÃO INDUSTRIAL DO NITROGÊNIO — 61

3.4. FIXAÇÃO BIOLÓGICA DO NITROGÊNIO — 70

CAPÍTULO 4
NITROGÊNIO NA AGRICULTURA E NO MEIO AMBIENTE — 79

4.1. NITROGÊNIO: DETERMINANTE DA PRODUTIVIDADE AGRÍCOLA — 79

4.2. A DEMANDA E A AQUISIÇÃO DE N PELAS PLANTAS CULTIVADAS — 84

4.3. SUPRIMENTO DE N PARA AS CULTURAS: SOLO, RESÍDUOS ORGÂNICOS E FERTILIZANTES — 86

4.4. CICLO TERRESTRE DO N: IMPLICAÇÕES AGRONÔMICAS E AMBIENTAIS — 89

REFERÊNCIAS E NOTAS — 95

GLOSSÁRIO — 101

OS AUTORES — 107

PREFÁCIO

É com grande satisfação que apresentamos aos leitores este trabalho sobre o elemento químico nitrogênio. Quando recebemos o convite da Sociedade Brasileira de Química (SBQ) para a redação deste texto, ficou claro que nosso público-alvo seriam estudantes e professores do Ensino Médio. Os estudantes nesse nível ainda estão iniciando o estudo dos Fundamentos da Química, razão por que tivemos o cuidado de não aprofundar a discussão em temas que demandam conhecimento de conceitos avançados. Entretanto, ao iniciar a redação, pensamos que o livro poderia também ser útil a estudantes de graduação de cursos diversos das Ciências Biológicas, Ciências Agrárias e de Química, além de outros leitores curiosos em entender como a Química pode estar relacionada a inúmeros aspectos de nossas vidas. Assim, iniciamos com a introdução de alguns conceitos utilizados em Química. Os conceitos sobre número de oxidação e de ligações químicas são discutidos em um nível que mesmo quem não tenha estudado Química pode acompanhar a leitura e compreender as fórmulas (poucas, diga-se de passagem) que ilustram o texto.

No capítulo 1, fizemos uma abordagem histórica sobre a descoberta do nitrogênio, bem como sobre a definição do nome deste gás. Discutimos como o nitrogênio combina com outros elementos, formando alguns compostos simples, e apresentamos fatos importantes sobre a história do processo de liquefação de gases, resultando na produção de nitrogênio líquido, que serve a muitos usos industriais.

No capítulo 2, discutimos sobre a descoberta, composição e usos da pólvora. No Brasil, entre os séculos XVII e XIX, o salitre, componente essencial da pólvora, também era produzido a partir de nitratos extraídos de grutas e cavernas em Minas Gerais e na Bahia. Ainda nesse capítulo é abordado um pouco da história da descoberta do processo de síntese da nitroglicerina e seu uso na fabricação da dinamite por Alfred Nobel. A produção de explosivos à base de nitroglicerina resultou na descoberta de seus efeitos medicamentosos, culminando no seu uso para o tratamento da angina, ainda no século XIX. A nitroglicerina serviu de inspiração para a síntese de diversos explosivos nitrogenados. A pesquisa de novos medicamentos para o tratamento da angina, bem como a investigação do mecanismo bioquímico de ação do óxido nítrico, culminou na descoberta do Viagra, importante medicamento para o tratamento da disfunção erétil.

No capítulo 3, discorremos brevemente sobre processos naturais de fixação de nitrogênio por meio de raios durante tempestades, bem como a exploração do salitre e guano na América do Sul, que até o final do século XIX eram as principais fontes de nitrato para a fabricação de explosivos e de fertilizantes nitrogenados para fins agrícolas. Por conta da redução das fontes naturais de nitrato, foi necessário muito esforço para o desenvolvimento de processos industriais de fixação de nitrogênio. Entre os muitos trabalhos nessa área, destacam-se os processos Birkeland-Eyde, Frank-Caro e Haber-Bosch. Dada a importância do processo Haber-Bosch, procuramos resgatar o papel fundamental de Robert Le Rossignol, químico inglês, que praticamente foi esquecido pela história, embora seus trabalhos tenham sido centrais na realização dos principais experimentos envolvidos na descoberta das condições de produção de amônia a partir de nitrogênio e hidrogênio gasosos. Outro aspecto relevante quando se trata da obtenção de nitrogênio em formas assimiláveis por organismos diversos se refere ao processo de fixação biológica desse elemento. A história da fixação biológica é apresentada, destacando-se as pesquisas sobre a fixação biológica de nitrogênio em gramíneas, realizadas no Brasil pela doutora Johanna Döbereiner. Esses estudos resultaram em importantes avanços para a agricultura brasileira.

No capítulo 4, os conceitos de nutrientes para as plantas são apresentados, com destaque para os macronutrientes, em especial o papel do nitrogênio na agricultura. As demandas e aquisição de nitrogênio para algumas culturas de importância comercial para o Brasil também são discutidas. Também apresentamos, de forma resumida, o ciclo biogeoquímico do nitrogênio, com atenção especial para as suas implicações agronômicas e ambientais.

Esperamos que este texto possa dar aos leitores uma boa visão da importância do nitrogênio para a sustentação da vida no planeta. O tema é amplo, e diversos assuntos não foram aqui abordados devido à limitação de espaço.

Os autores.

Belo Horizonte 2019.

AGRADECIMENTOS

A tarefa de redigir um livro não é simples, especialmente nas circunstâncias em que nosso dia a dia é repleto de tarefas diversas relacionadas às atividades de ensino e de pesquisa. No entanto, ao chegar ao final deste projeto, devo reconhecer que não teria conseguido sem a ajuda e colaboração de várias pessoas.

Em especial, ao meu coautor Reinaldo Cantarutti, por ter aceitado o convite para colaborar neste projeto, compartilhando comigo parte de sua experiência no ensino e na pesquisa sobre o uso do nitrogênio na agricultura.

Expresso meus sinceros agradecimentos aos meus amigos que contribuíram na redação dos quadros temáticos, o que muito enriqueceu o texto: Cristiane Isaac Cerceau (Universidade Federal de Viçosa, Viçosa-MG), Luciano Emerich Faria (Centro Universitário Newton Paiva, Belo Horizonte), Mara Lúcia Albuquerque Pereira (Universidade Estadual do Sudoeste da Bahia, Itapetinga), Maria Cristina de Albuquerque Barbosa (Universidade Federal de Juiz de Fora, Governador Valadares) e Vanderlúcia Fonseca de Paula (Universidade Estadual do Sudoeste da Bahia, Jequié).

À minha colaboradora de muitos anos, Célia Regina Álvares Maltha (Universidade Federal de Viçosa, Viçosa), pela elaboração do glossário e pelas sugestões.

Aos meus colegas Carlos Alberto Lombardi Filgueiras e José Domingos Fabris, ambos professores eméritos da Universidade Federal de Minas Gerais (Belo Horizonte), pela leitura crítica de boa parte do texto e pelas sugestões.

Em especial, ao meu amigo Edir Barbosa, pela presteza e competência na revisão linguística do texto, tornando-o mais compreensível e de leitura agradável.

Como não poderia deixar de ser, todo e qualquer erro que porventura tenha resistido às várias correções é de única e exclusiva responsabilidade nossa. Assim, esperamos contar com a colaboração de nossos leitores com sugestões para futuras edições.

Por fim, meus sinceros agradecimentos à Diretoria da Sociedade Brasileira de Química, por ter-me honrado com o convite para e escritura deste livro.

Luiz C. A. Barbosa

CAPÍTULO 1
A DESCOBERTA DE UM NOVO ELEMENTO

Falar sobre um elemento químico em particular parece ser algo muito especializado e dirigido apenas para químicos. Todavia, conforme veremos ao longo deste texto, os elementos químicos fazem parte de nossa vida e do universo físico como um todo. Existe no público em geral a ideia de que Química é matéria complicada e de acesso para apenas alguns poucos iniciados. Em parte, devemos reconhecer que o entendimento de detalhes de muitas transformações químicas de fato requer conhecimento especializado. Entretanto, é possível que alguns conceitos sejam bem assimilados também por pessoas que não tenham formação em Química, e esses conceitos podem nos ajudar a compreender melhor o mundo que nos cerca.

Alguns desses conceitos envolvem noções sobre átomos, elementos químicos e moléculas. Antes de definirmos esses termos, vamos nos lembrar de que tudo no universo é formado por matéria. Este termo comum pode ser entendido como tudo aquilo que possui massa e ocupa lugar no espaço. A matéria, segundo os filósofos gregos antigos, seria constituída por unidades minúsculas e indivisíveis, chamadas de átomos. Foi apenas no início do século XIX que o cientista inglês John Dalton (1766-1844) retomou o conceito de que a matéria é formada por átomos, que seriam partículas indivisíveis por meios químicos. A partir dos trabalhos de Dalton, durante várias décadas, muitos cientistas realizaram experimentos e obtiveram informações que resultaram na melhor compreensão sobre a natureza dos átomos.

Todo conhecimento e estudo da Química Moderna baseiam-se na existência dos átomos, cujas propriedades são hoje bem conhecidas. Existem atualmente 118 tipos de átomos conhecidos, sendo cada tipo desses caracterizado por um número denominado número atômico. De forma simplificada, podemos entender os átomos como formados por um núcleo central bem pequeno. O núcleo é composto por dois tipos de partículas ainda menores, denominadas prótons e nêutrons. Estas duas partículas são responsáveis pela massa do núcleo e apresentam massas correspondentes ao que é chamado de "unidade de massa atômica".[1] Além disso, os prótons possuem cargas elétricas positivas e cada um deles possui carga correspondente a +1, enquanto os nêutrons, como o nome indica, são desprovidos de carga. O núcleo é envolto por uma região denominada eletrosfera, constituída de partículas chamadas de elétrons. Estes apresentam carga negativa correspondente a -1, enquanto suas massas são desprezíveis em relação às dos prótons e dos nêutrons, ou melhor, para obter a massa de um próton ou de um nêutron são necessários aproximadamente 1.800 elétrons. Em razão disso, considera-se que toda a massa do átomo se encontra no núcleo.

Outra informação importante sobre a estrutura do átomo é que a eletrosfera é muito maior que o núcleo. Apenas para se ter uma ideia sobre a diferença entre os tamanhos dessas duas regiões atômicas, se o núcleo de determinado átomo fosse do tamanho da cabeça de um alfinete (o que certamente não é), a eletrosfera teria tamanho equivalente a um estádio de futebol. Como podemos perceber, toda a massa dos átomos está contida em uma minúscula região, que é o seu núcleo.

Uma propriedade importante do átomo é a sua neutralidade elétrica, ou seja, ele não tem carga líquida. Essa neutralidade é consequência do fato de que o número de prótons é sempre igual ao número de elétrons para cada tipo de átomo. Entretanto, conforme reveremos mais adiante, se um átomo perde um elétron, ele passa a ter carga igual a +1, enquanto ao ganhar um elétron sua carga passará a ser -1. Em ambos os casos, essas espécies carregadas eletricamente são denominadas íons. Os íons positivos são chamados de cátions, enquanto os negativos são os ânions. Como já dissemos, toda matéria é formada por átomos, e muitos destes se encontram na natureza na forma de íons. Falaremos mais sobre isto, mas aqui é importante que o leitor já comece a reconhecer que as minúsculas partículas que formam todo o universo que nos cerca podem existir nas formas neutra e carregada eletricamente.

Falando um pouco mais sobre os átomos, afirmamos que existem, hoje, 118 tipos deles, cada um formado por certo número de prótons, nêutrons e elétrons.[2] E o que caracteriza um tipo de átomo é o seu número de prótons, denominado número atômico.

A soma do número de prótons e do número de nêutrons fornece uma propriedade dos átomos, que é a sua massa atômica. Nesse ponto, devemos chamar a atenção para outro importante conceito em Química, que é o de isótopos. Consideremos, por exemplo, o átomo que possui um próton e um nêutron; nesse caso, sua massa atômica é igual a duas unidades de massa atômica. No entanto, existe também o caso de um átomo que possui um próton e dois nêutrons, que nesse caso apresenta massa atômica igual a três unidades de massa. Como esses dois átomos apresentam o mesmo número de prótons, eles correspondem ao mesmo tipo de átomo, entretanto apresentam massas atômicas diferentes. Nesses casos, denominamos **isótopos** os átomos com o mesmo número atômico e com diferentes massas atômicas. Os isótopos são muito importantes, e muitos deles emitem radiações que têm aplicações na geração de energia em usinas nucleares, bem como na medicina.

Vamos voltar a falar um pouco mais sobre a eletrosfera. Como podemos deduzir do que foi dito até aqui, quanto maior o número de prótons de um átomo, maior o seu número de elétrons. Dessa forma, esses elétrons estão distribuídos na eletrosfera de forma bem organizada. Eles se encontram sempre aos pares, em regiões denominadas orbitais, que são descritas matematicamente por meio de funções de onda. Existem quatro tipos básicos de orbitais, que apresentam formatos espaciais distintos. Esses orbitais são conhecidos pelas letras s, p, d e f. Nos casos dos orbitais d e f, eles podem ter diversas formas espaciais. Para o que pretendemos neste texto, não é necessário que aprofundemos nessa discussão. O importante é que saibamos que os elétrons se encontram distribuídos na eletrosfera de forma ordenada, sendo esses orbitais distribuídos ao redor do núcleo e apresentando distâncias variadas a partir do centro do núcleo, onde é grande a probabilidade de encontrar elétrons. Alguns elétrons estão mais próximos do núcleo, enquanto outros se encontram mais afastados. Dizemos que eles ficam distribuídos em camadas ao redor do núcleo e em cada camada existem vários orbitais. Apenas na camada mais próxima do núcleo é que há apenas um orbital (denominado $1s$). A camada mais externa que contém elétrons é chamada de camada de valência. O termo "valência" está relacionado à maneira como os átomos vão se ligar para formar os compostos, conforme mostraremos logo a seguir.

1.1. ELEMENTOS QUÍMICOS E SUBSTÂNCIAS

Agora que já falamos um pouco sobre a estrutura dos átomos, podemos dizer que a cada tipo de átomo corresponde um elemento químico. Em outras palavras, um elemento químico é formado por átomos de um mesmo tipo. Como existem 118 tipos de átomos conhecidos, são 118 tipos de elementos químicos. Desse total, 90 são encontrados em abundância na natureza. Como alguns elementos naturais podem sofrer um processo de decaimento radioativo e se transformar em outro elemento, alguns cientistas consideram que existem até 98 elementos naturais.

Para fins de organização das informações que temos sobre os elementos, bem como para representar as várias transformações que eles sofrem e suas múltiplas combinações, os cientistas desenvolveram ao longo dos séculos várias maneiras simbólicas para representá-los. Ao longo de muitas décadas, várias simbologias foram utilizadas para representação dos elementos químicos. A simbologia-padrão e aceita hoje para representar os elementos foi proposta originalmente pelo químico sueco Jöns Jacob Berzelius (1779-1848), em 1813.[3] Em um trabalho publicado em novembro daquele ano, Berzelius utilizou os símbolos O (oxigênio), P (chumbo, do latim *plumbun*), C (carbono), Cu (cobre, do latim *cuprum*), entre outros. Essa nova simbologia era novidade à época e se baseou no uso da primeira letra do nome do elemento em latim. No caso de elementos que começavam com a mesma letra, como carbono e cobre, Berzelius acrescentou a segunda letra do nome de um deles (C e Cu). No caso de essas letras ainda serem iguais, ele adicionou à primeira letra a primeira consoante que diferia entre os nomes. Por exemplo, os símbolos para antimônio (*stibium*) e estanho (*stannum*) ficaram sendo St e Sn, respectivamente. Posteriormente, o símbolo para o antimônio foi trocado por Sb, como é utilizado atualmente.

Notamos que nesta época a nomenclatura e a simbologia química ainda estavam em pleno desenvolvimento, sem que houvesse consenso entre os químicos de vários países sobre como representar simbolicamente os elementos. Devido ao grande prestígio de Berzelius, à sua época um dos químicos mais influentes da Europa, seu sistema de simbologia para os elementos acabou sendo adotado por outros cientistas influentes. Esse sistema, com alterações, chegou aos nossos dias e se encontra em artigos científicos e livros didáticos, nos quais muitos de nós estudamos.

É interessante notar que, no seu artigo, Berzelius tratou da química de compostos de nitrogênio, sendo este elemento então chamado de azoto e representado por ele por Az. O nitrogênio é o tema central de nosso texto e hoje representado pela letra N.

Na Figura 1.1, representamos os símbolos modernos de alguns elementos comuns na constituição de todos os seres vivos. Embora não possamos ver os átomos, sabemos que eles apresentam formato esférico. Em razão disso, uma das muitas maneiras que também representamos essas partículas é por meio de esferas coloridas, em que cada cor representa determinado tipo de elemento. Esse padrão de cores é utilizado de forma mais ou menos padronizada nos diversos textos. Ao longo deste livro utilizaremos essas representações para ilustrar a forma tridimensional de alguns compostos formados por combinações de elementos iguais ou distintos.

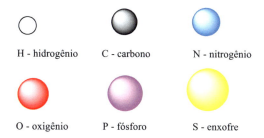

Figura 1.1 – Símbolos de alguns elementos químicos comuns e a representação de seus átomos como esferas coloridas. Esse código de cores é aceito pelos químicos e será utilizado nas ilustrações ao longo deste texto.

Antes de começarmos a tratar do elemento central deste livro, o nitrogênio, é importante ainda que esclareçamos que os elementos químicos, em sua maioria, não existem como átomos isolados. Na verdade, apenas os membros de um grupo denominado "gases nobres", formado pelos elementos hélio (He), neônio (Ne), argônio (Ar), criptônio (Kr), xenônio (Xe) e radônio (Rn), existem na natureza como átomos isolados, ou seja, sem estarem combinados com átomos do mesmo elemento ou de elementos diferentes. É exatamente pelo fato de esses elementos se encontrarem isolados na natureza que o grupo foi chamado de "gases nobres". Hoje sabemos que alguns desses gases também podem se combinar de formas diversas, formando compostos com outros elementos. Por exemplo, o xenônio reage com o flúor formando XeF_2, XeF_4 e XeF_6. O criptônio, sob uma descarga elétrica ou radiação ionizante, a -196 °C, também reage com o flúor formando KrF_2.

Os elementos gasosos, como cloro, hidrogênio, nitrogênio e oxigênio, não existem como átomos isolados, mas como unidades constituídas de dois átomos ligados entre si. Essa combinação de átomos é chamada de moléculas e é representada pelo símbolo do elemento acompanhado de um índice numérico que indica quantos átomos entram na constituição da molécula. Nos casos das moléculas de hidrogênio, cloro, nitrogênio e oxigênio, elas existem na combinação de dois átomos, em cada situação, sendo suas moléculas representadas por Cl_2, H_2, N_2 e O_2.

As moléculas podem também ser formadas por átomos de elementos diferentes, como a combinação de um átomo de oxigênio com dois de hidrogênio, o que resulta na formação da água, cuja fórmula é H_2O. Outros exemplos podem ser ilustrados pela combinação de carbono com oxigênio, na proporção de 1 C para 1 O, ou de 1 C para 2 O, resultando na formação dos compostos CO e CO_2, respectivamente. O CO é o monóxido de carbono, gás altamente tóxico formado pela combustão incompleta de matéria orgânica, enquanto o CO_2 é conhecido pelo nome químico de dióxido de carbono ou, popularmente, como gás carbônico. Este gás é um dos causadores do efeito estufa, que vem provocando a elevação da temperatura do planeta e dos oceanos, com previsíveis consequências trágicas para a humanidade e para toda a vida na Terra.

As moléculas formadas por átomos do mesmo elemento são chamadas de substâncias simples, enquanto as constituídas por mais de um tipo de átomo são substâncias compostas.

Quanto ao nitrogênio, na forma elementar ele existe como formado pela combinação de dois átomos, sendo sua molécula representada pela fórmula N_2. É um composto simples que existe na forma gasosa, constituindo aproximadamente 78% da atmosfera terrestre.

Esperamos que tenha ficado claro para o leitor que as moléculas são formadas pela união de átomos de elementos iguais ou diferentes. A essa união denominamos ligação química ou, mais especificamente, ligação covalente. Esse é mais um dos muitos termos utilizados pelos químicos e constitui um dos pilares da Química. Embora exista todo um formalismo matemático, com modelos complexos para explicar a natureza das ligações químicas, para nós basta entender que os elementos são unidos por meio da combinação dos elétrons da camada mais externa da eletrosfera, ou camada de valência. Cada elemento é capaz de formar certo número de ligações, dependendo do número de elétrons na camada de valência. Esse número de ligações é chamado de número de valência. Como já dissemos, os elétrons encontram-se distribuídos aos pares nos orbitais atômicos, em que cada orbital é ocupado por no máximo dois elétrons. A combinação dos elementos ocorre em determinadas proporções, obedecendo, em alguns casos, à chamada regra do octeto, enunciada pelo químico americano Gilbert Newton Lewis (1875-1946), no início do século XX. Segundo Lewis, os átomos combinam-se de modo que todos fiquem com oito elétrons na camada de valência. Nesse caso, os elétrons que formam as ligações covalentes são compartilhados por dois elementos, formando um novo orbital, chamado agora de "orbital molecular". Hoje sabemos que existem muitas exceções à regra do octeto, todavia ela é muito útil para entendermos a proporção com que os elementos se combinam para formar as moléculas. Assim, segundo essa regra, o oxigênio realiza duas ligações, o carbono quatro e o nitrogênio três.

Os químicos costumam representar as ligações covalentes por uma linha entre os elementos. Assim, a molécula de hidrogênio é representada por H-H e a de cloro, por Cl-Cl. Em alguns casos, para completar os oito elétrons na camada de valência, os elementos podem realizar ligações duplas, representadas por duas linhas paralelas (O=O), ou tríplices, marcadas por três linhas paralelas (N≡N). O nitrogênio pode também ligar-se a três átomos de hidrogênio, por meio de ligações simples, formando a molécula NH_3, denominada amônia.

Agora que falamos um pouco sobre as representações dos elementos e dos compostos moleculares, é necessário que alguma coisa seja dita sobre os chamados "compostos iônicos". Como já explicamos, alguns átomos se transformam em espécies carregadas eletricamente, tendo cargas positivas (cátions) ou negativas (ânions). A atração entre íons de cargas opostas resulta na formação de substâncias denominadas "compostos iônicos". Um exemplo muito comum desse tipo de composto iônico é o sal de cozinha, formado pela combinação do cátion sódio (Na é o símbolo do sódio, derivado de *natrium*) e do ânion cloro, cuja fórmula química é NaCl. Aqui chamamos atenção para o fato de que compostos iônicos não formam moléculas individuais, mas constituem um agregado de íons que formam uma rede cristalina, em que os cátions são rodeados por ânions e se mantêm unidos uns aos outros por força da atração eletrostática, denominada ligação iônica.

Com esta introdução, esperamos ter mostrado ao leitor que a simbologia moderna utilizada pelos químicos para representar os elementos e seus compostos teve origem ainda no início do século XIX e pode ser facilmente compreendida sem muito mistério. Com esta base, podemos doravante nos dedicar ao elemento nitrogênio.

1.2. A DESCOBERTA DO NITROGÊNIO

No século XVIII, vários cientistas estavam envolvidos no estudo da composição do ar atmosférico e de outros gases. Nessa época ainda não existia uma clara ideia do conceito de átomo como temos hoje e nem mesmo havia equipamentos sofisticados à disposição dos químicos modernos e tampouco as técnicas para separação, purificação e caracterização de novos compostos. Todos os trabalhos com gases envolviam equipamentos muito simples e engenhosos. A interpretação dos resultados era sempre muito difícil, exigindo dos pesquisadores a realização de muita análise crítica e minuciosa. Entre os cientistas de destaque naquela época, os principais nomes envolvidos nos estudos dos gases eram Joseph Black (1728-1779), Henry Cavendish (1731-1810), Joseph Priestley (1733-1804), Antoine Laurent Lavoisier (1743-1794) e Carl Scheele (1742-1786).

A descoberta do nitrogênio é atribuída a um personagem menos conhecido dos químicos, embora citado nos livros de História. Trata-se do médico escocês Daniel Rutherford (1749-1819), que nasceu em 3 de novembro de 1749, filho do médico John Rutherford. Seu pai foi discípulo do influente médico, anatomista e químico holandês Hermann Boerhaave (1668-1738). Daniel foi aluno do famoso médico e cientista Joseph Black, descobridor do gás carbônico (CO_2), então denominado "ar fixo". Ele se interessava por literatura, matemática e estudo de clássicos. Ao se graduar, escreveu uma tese sobre o estudo dos gases, revelando a descoberta de um novo gás, na presença do qual cobaias de laboratório morriam asfixiadas. Sua tese de doutorado intitulada "Dissertatio inauguralis de aere fixo dicto, aut mephitico", ou "Dissertação inaugural sobre o ar dito fixo, ou mefítico", foi publicada em 1772. Essa tese representou importante contribuição ao estudo da composição do ar, resultando no reconhecimento de Daniel como o descobridor do novo gás, que conhecemos hoje como nitrogênio.

Como já mencionamos, vários cientistas estavam trabalhando nesta área ao mesmo tempo. Antes da publicação da tese de Daniel, outro pesquisador, chamado Stephen Hales (1677-1761), realizou experimentos reagindo uma amostra de ar em determinadas condições. Ele observou que, ao final da reação, um resíduo gasoso permaneceu no recipiente. Hoje sabemos que esse gás residual é o nitrogênio, mas Hales não percebeu que estava diante de um novo gás, desconhecido à época pelos cientistas.

O químico sueco Carl Scheele, que também estava muito envolvido no estudo da composição de gases da atmosfera, descobriu que, ao remover o "ar vital" de uma amostra de ar comum, a parte gasosa que sobra é nociva à vida. Ele, como Hales, não conseguiu provar que essa fração constituía um novo elemento químico.

Outro cientista muito conhecido pelos seus estudos com gases foi Henry Cavendish, na Inglaterra. Assim como o ar fixo, ou gás carbônico, o nitrogênio também é um gás sufocante, ou seja, um organismo vivo ou cobaia de laboratório não sobrevive em sua presença apenas. Cavendish descobriu um novo gás sufocante e incombustível, entretanto não publicou seus resultados. Cavendish escreveu para Priestley, eminente cientista da época que trabalhava com gases, relatando seus achados e os detalhes de como realizou experimentos que resultaram na descoberta do novo gás. Em seu trabalho, ele transferiu o volume de ar comum contido em um recipiente para um segundo recipiente, por meio de um tubo conectando os dois. O tubo estava cheio de carvão aquecido ao rubro. Ambos os frascos estavam invertidos em um recipiente com água, mas o segundo frasco estava cheio de água. O ar, ao passar pelo carvão, resultava no consumo do oxigênio e na formação de gás carbônico, expulsando a água do segundo recipiente. Para absorver o gás carbônico formado, a água contida no recipiente em que o segundo frasco estava imerso continha soda cáustica.[4] Cavendish observou que o volume de ar do frasco 1 era equivalente a 180 oz,[5] enquanto o que foi medido no frasco 2 correspondia a 190 oz. Após a absorção do ar fixo (gás carbônico), o volume resultante foi de 166 oz, ou seja, uma quantidade equivalente a 24 oz foi absorvida pela soda cáustica, correspondendo ao gás carbônico formado. Como 180 oz menos 166 oz corresponde a 14 oz, esta é a quantidade consumida que Cavendish chamou de ar comum (sabemos hoje ser o oxigênio).

Cavendish mediu a densidade do ar resultante no frasco 2 após a eliminação do gás carbônico, observando que era ligeiramente mais leve que o ar comum. Também verificou que esse ar, assim como o ar fixo (gás carbônico), era incapaz de sustentar a chama de uma vela. Apesar dos detalhes e rigor com que seus experimentos foram realizados, não ficou claro para ele que o gás resultante era um novo gás e nem reconheceu claramente que tinha uma nova descoberta muito importante.

De posse dos detalhes de todos os experimentos realizados por Cavendish, Priestley fez uma apresentação na Royal Society,[6] em Londres, mas não foi capaz de interpretar, de forma clara, os resultados de Cavendish. Priestley apresentou outros resultados, discutindo tudo o que se conhecia sobre os experimentos até então realizados na tentativa de identificar os constituintes do ar atmosférico. Seus resultados foram publicados em um extenso artigo de 120 páginas, na revista Philosophical

Transactions, da Royal Society, de Londres.[7] Ele, com certeza, reconheceu algumas propriedades importantes do gás que conhecemos hoje como nitrogênio, mas, apesar disso, também não é reconhecido como seu descobridor. Essa apresentação de Priestely na Royal Society ocorreu seis meses antes da publicação da tese de Daniel Rutherford.

O envolvimento de Rutherford com os estudos dos gases se deveu à sua proximidade com o Dr. Joseph Black, que foi seu professor em Edimburgo. O Dr. Black havia observado que, ao aquecer uma amostra de calcário (carbonato de cálcio, $CaCO_3$) a altas temperaturas, um gás era produzido. Ele recolheu esse gás e verificou que era mais denso que o ar e que, ao ser borbulhado em uma solução aquosa de cal (hidróxido de cálcio, $Ca(OH)_2$), precipitava o carbonato de cálcio. Por isso ele denominou esse novo gás de "ar fixo", conhecido por nós como dióxido de carbono ou gás carbônico (CO_2). Após esse ar fixo ser absorvido por uma solução aquosa alcalina, ele verificou que uma porção remanescente de ar ainda ficava no interior do frasco onde foi feita a combustão. Notamos aqui que esse experimento é parecido com o descrito por Cavendish e Priestley. Naquela época, os estudantes de Medicina tinham que apresentar uma tese para receber o título de doutor. Tendo interesse em investigar com profundidade a natureza desse ar residual, o Dr. Black chamou Rutherford e lhe sugeriu que continuasse os estudos experimentais nesse assunto para fins de elaboração de sua tese de doutoramento.

Em sua tese, Rutherford discute os trabalhos de Black e Cavendish relacionados aos experimentos com gases. Em seus experimentos, Rutherford colocou um rato dentro de um recipiente de vidro contendo certo volume de ar atmosférico e o deixou até morrer por asfixia. Com a morte do rato, parte do ar foi consumida e transformada em ar fixo (CO_2), que foi removido do sistema por tratamento com solução alcalina. Nesse experimento, ele observou que o volume do ar residual era menor que o volume inicial. Tendo conhecimento dos experimentos feitos por Cavendish e Priestley, ele notou que o ar que foi consumido pela passagem de ar comum sobre carvão em brasa era o mesmo que foi consumido pelo rato confinado. Em ambos os experimentos, o gás formado era também o mesmo ar fixo. Rutherford realizou vários experimentos com esse ar residual, mostrando que uma vela não queimava em sua presença. Mostrou ainda que a queima de metais, enxofre ou fósforo não resultava na formação de ar fixo (CO_2), mas esse ar "sofria uma mudança singular".

A conclusão a que Rutherford chegou com as muitas análises que realizou com o "ar residual" é que este seria formado pela união do ar atmosférico com "flogisto".[8] Notamos que nessa época a teoria do flogisto era aceita pelos químicos, vindo a ser derrubada por Lavoisier poucos anos mais tarde.

Como esse novo ar era diferente do CO_2, mas não era capaz de sustentar uma vida, ele também era chamado de mefítico (= venenoso). Entretanto, embora Rutherford reconhecesse que tinha um novo ar, ele não sabia muito sobre a sua constituição e nem que se tratava de um novo elemento químico.[9]

Embora o trabalho de Rutherford não tenha sido conclusivo e ele não tenha nomeado esse novo "ar mefítico", o influente cientista Britânico Sir William Ramsay (1852-1916) o reconhece como o descobridor do nitrogênio. Segundo Ramsay:

> Rutherford parece não ter levado adiante os estudos sobre química: seus compromissos no trabalho o levaram a outras áreas...Conforme mostraremos, Priestley quase antecipou Rutherford; e, na verdade, ele especulou sobre a natureza do gás residual deixado após a combustão e absorção do ar fixo produzido.[10]

Muito antes de Ramsay e poucos anos após a publicação da tese de Rutherford, Joseph Black escreveu, em 1803, em seu influente livro "Lectures on the Elements of Chemistry":

> Ligeiramente inferior em relação ao ar vital em termos de importância química é o "faul air" do Dr. Scheele, que eu mencionei na mesma ocasião, como sendo a porção tóxica do ar atmosférico que resta após o ar vital ter sido absorvido pelo *hepar sulphuris*. Devo aqui comentar que esta porção da nossa atmosfera foi primeiramente observada em 1772 pelo meu colega Dr. Rutherford, e publicada por ele em sua dissertação inaugural.[11]

Esses dois influentes pesquisadores deixam claro que o crédito da descoberta do nitrogênio deve ser concedido a Rutherford, apesar de todas as contribuições de seus predecessores e contemporâneos. Mesmo com todos os estudos da época e a importância histórica do trabalho de Rutherford e dos de outros pesquisadores, ainda no início do século XIX não se sabia muito sobre a constituição desse novo ar nem mesmo que se tratava de um novo elemento químico.

Embora fosse considerado um dos químicos mais importantes de seu tempo, Rutherford ficou desapontado por não ter sido nomeado assistente do Dr. Black e nem ter sido convidado para assumir a cadeira de Química na Universidade de Edimburgo como seu sucessor, em 1795. Ele se tornou professor de Botânica daquela universidade, em 1786, e foi também diretor do Royal Botanic Gardens de Edimburgo. Com seu trabalho, ele transformou o Jardim Botânico em um dos mais importantes do mundo. O gênio de Rutherford levou-o a inventar também o termômetro, que registra temperaturas máxima e mínima. Esse termômetro é ainda utilizado nos dias de hoje.

1.3. O NOME DO NOVO ELEMENTO

Conforme vimos, no século XVIII pesquisadores em várias partes da Europa estavam trabalhando para tentar compreender a composição do ar que respiramos, mas, além disso, muitas pesquisas estavam sendo realizadas em várias áreas do conhecimento. A ciência estava progredindo a passos largos, e a competição pela prioridade das descobertas era ferrenha. Como nos dias de hoje, os resultados das novas descobertas deviam ser prontamente comunicados para a comunidade científica. Isso era feito por meio da publicação de artigos científicos nas revistas e também pela apresentação de palestras durante as reuniões das Sociedades Científicas, como a Royal Society, de Londres. No caso da descoberta do nitrogênio, muitos cientistas estavam trabalhando no mesmo assunto e encontraram resultados parecidos, muitos de difícil compreensão. Mesmo após a publicação da tese de Rutherford, embora ele próprio não tenha feito muitos outros estudos nessa área, a pesquisa com o nitrogênio avançou muito e continua avançando até os dias de hoje. Mas quando algo novo é descoberto, é necessário que seja dado um nome para esse material ou produto ou, mesmo, um processo. Como esse novo ar foi descoberto e investigado por pesquisadores em vários países, ele recebeu nomes diversos. Ele foi denominado "ar flogisticado", que quer dizer que continha "flogisto". Devido às suas propriedades sufocantes, ou seja, em sua presença, animais de laboratório morriam por asfixia, ele foi também conhecido como ar mefítico; na Inglaterra, era chamado de *choke-damp* e na Alemanha, *stickstoff*. O nome "nitrogênio" foi sugerido pela primeira vez pelo químico francês Jean-Antoine Chaptal (1756-1832) em 1790, com base nos resultados das experiências de Cavendish, que preparou nitrato de potássio (KNO_3, conhecido em inglês como *nitre*, ou nitro, na literatura antiga em português) pela reação desse gás com oxigênio, por meio de uma faísca na presença de uma solução de hidróxido de potássio (KOH). Literalmente, nitrogênio significa "formador de nitro".

Ainda na França, o termo "azoto" foi cunhado em 1787 pelo químico Louis Bernard Guyton de Morveau (1737-1816), combinando os termos gregos ἀ (privação) e ζωή (vida). Literalmente, azoto significa "privação da vida", de acordo com as características sufocantes desse gás. Em algumas referências, a criação do termo "azoto" é atribuída a Lavoisier, com quem Guyton de Morveau colaborou no estabelecimento da nova nomenclatura química.

Ainda nos dias de hoje, em Portugal, é utilizada a palavra azoto para se referir ao elemento nitrogênio. Também, o prefixo "azo" é amplamente empregado na literatura moderna da Química. Existe uma classe de corantes chamados de "azo" que contém o grupo -N=N-; o prefixo "aza" é utilizado para indicar a presença de um átomo de nitrogênio em uma cadeia orgânica. O termo azida é o nome dado ao ânion N_3^-, que forma compostos explosivos, incluindo a azida de sódio utilizada em *airbags* que equipam muitos automóveis atualmente.

1.4. NITROGÊNIO COMBINANDO COM OUTROS ELEMENTOS

Conforme falamos no início deste livro, os elementos químicos podem se combinar formando novos compostos, moleculares ou iônicos. Como também já mencionamos, alguns elementos existem na natureza como formados pela união de mais de um átomo. Esse é o caso do nitrogênio, que é formado pela combinação de dois átomos iguais, cuja fórmula química é N_2. Embora isso seja muito claro para nós hoje, não o era para Lavoisier, um dos mais ilustres cientistas do século XVIII. Em seu "Tratado Elementar de Química (1789)",[12] Lavoisier considera que o "azoto" é um dos princípios mais abundantes na natureza, correspondendo a ¾ da atmosfera. Segundo ele, a combinação do "azoto" com o "calórico" resulta na formação do "gás azoto". Sua combinação com o hidrogênio resulta na formação da amônia, enquanto com o oxigênio pode resultar na formação de óxido nitroso, ácido nitroso e ácido nítrico. Acrescenta que tudo leva a crer que o azoto é uma entidade simples e elementar, uma vez que até aquela época não havia relato provando que ele teria sido decomposto por qualquer meio.

Ainda segundo Lavoisier, o azoto é um dos elementos que constituem as substâncias de seres vivos. Ele combina com o hidrogênio, o carbono, o fósforo e com certa quantidade de oxigênio, formando uma miríade de substâncias que entram na constituição dos organismos vivos, tanto animais quanto vegetais. É impressionante notar o grau de avanço que tinha atingido a Química no final do século XVIII, mas, apesar disso, ainda no início do século XIX havia alguma confusão sobre a natureza elementar do nitrogênio. Tal era a dúvida a esse respeito que o renomado químico britânico Humphry Davy (1778-1929), em 1809, chegou a realizar, sem sucesso, experimentos tentando decompor o nitrogênio em seus elementos.

Hoje, com todo o avanço da pesquisa em Química e Biologia nos dois últimos séculos, sabemos que o nitrogênio é elemento central na formação de substâncias essenciais para os organismos vivos. Está presente nos aminoácidos, que são os blocos construtores das proteínas, e é parte fundamental dos ácidos ribonucleico (**RNA**, do inglês: r*ibonucleic acid*) e desoxirribonucleico (**DNA**, do inglês: *deoxyribonucleic acid*), este último responsável por transmitir as características genéticas de uma geração para outra; entra na constituição da hemoglobina, responsável pelo transporte de oxigênio no sangue; está presente na molécula da clorofila, essencial para a captura da energia solar utilizada pelas plantas para realizar fotossíntese; faz parte de pequenas moléculas denominadas neurotransmissores, responsáveis pela transmissão de impulsos elétricos entre as células; e é essencial para o crescimento das plantas. Enfim, sem o nitrogênio não haveria a vida como conhecemos.

O nitrogênio elementar é o principal constituinte do ar atmosférico que respiramos durante todos os dias da nossa vida. Ele representa 78%, em volume, da atmosfera, enquanto o oxigênio está presente em 21%. O restante 1% é formado por uma fração pequena de dióxido de carbono (aproximadamente 0,035%), vapor d'água e outros gases, conhecidos como "gases nobres", já mencionados neste texto.

Quando respiramos, o gás nitrogênio entra e sai de nosso organismo, assim como no de outros seres aeróbicos, ou aeróbios, sem sofrer qualquer alteração. Isso parece ser algo totalmente inútil e sem propósito. Então, por que haveríamos de inspirar um gás que não tem participação em nenhum processo metabólico em nosso organismo? Entretanto, olhando mais de perto, vemos que a natureza é perfeita e tudo funciona de forma eficiente. Embora saibamos que o oxigênio é o elemento essencial à vida, sem o qual nós morremos, ele é também nocivo devido à sua alta reatividade. Respirar oxigênio puro por longo período de tempo pode ser danoso à saúde. No entanto, se a atmosfera tivesse teor de nitrogênio muito superior a 78%, nós seríamos sufocados. Portanto, a proporção desses gases é perfeita para a sustentação da vida na Terra.

A baixa reatividade do gás nitrogênio se deve à forte ligação que existe, por meio dos elétrons, entre dois átomos de nitrogênio. Como já dissemos, os dois átomos de nitrogênio estão unidos um ao outro pela ligação chamada de "covalente tríplice". Essa ligação tríplice envolve três pares de elétrons e é representada por três traços paralelos, como em N≡N. Essa ligação é muito forte, sendo necessária grande quantidade de energia (946 kJ mol^{-1}) para rompê-la e formar dois átomos de nitrogênio. Quando isso acontece, esses átomos são altamente reativos e podem combinar com diversos elementos, gerando compostos os mais variados.

É em função dessa grande força de ligação, ou seja, dessa forte união entre dois átomos de nitrogênio, que o gás nitrogênio é tão abundante e considerado inerte, ou seja, não reativo. Apesar dessa alta estabilidade e consequente pouca reatividade, o nitrogênio, como sabemos, está presente em uma infinidade de moléculas orgânicas que fazem parte de todos os seres vivos, bem como entra na constituição de outros gases e de diversos minerais. Essas observações deixam claro que existem mecanismos na natureza para converter o gás nitrogênio, que é a maior reserva desse elemento na Terra, em compostos necessários para a manutenção da vida. Mais adiante falaremos um pouco sobre como essas transformações acontecem. Todavia, já mencionamos que Cavendish reagiu o gás nitrogênio com o oxigênio e obteve nitrato. Esse experimento foi feito submetendo a mistura dos dois gases a faíscas elétricas. Hoje sabemos que, durante as tempestades com raios, essa mesma reação acontece formando o óxido de nitrogênio (NO), que reage com mais oxigênio e resulta na formação de dióxido de nitrogênio (NO_2). Esses dois gases são também formados em motores de combustão interna de automóveis e em jatos supersônicos.

Ao contrário do gás nitrogênio que não é tóxico, os gases NO e NO_2 são bastante tóxicos, sendo responsáveis, em parte, pela poluição atmosférica em grandes cidades. O NO_2 apresenta cor castanha e é bastante corrosivo. A coloração amarronzada de neblinas que se formam em grandes cidades é devida às altas concentrações desse poluente.

Outro importante composto derivado do gás nitrogênio é a amônia (NH_3), resultante de sua reação com o elemento hidrogênio. Como já dissemos que o nitrogênio é pouco reativo, para que esse gás entre nos diversos processos biológicos e de sustentação da vida na Terra, ele deve ser convertido em amônia e nos óxidos já citados, que são posteriormente convertidos em ânions nitrato (NO_3^-), que também são absorvidos pelas plantas. Esse processo de conversão do nitrogênio inerte em formas que são absorvidas pelas plantas é conhecido como "fixação do nitrogênio". Essa fixação pode ocorrer também por meios biológicos, conforme discutiremos mais adiante, intermediada por microrganismos em solos.

Antes de avançarmos na discussão dos processos de fixação do nitrogênio, que certamente é de extrema importância para a sustentação de toda a vida na Terra, é importante fazer uma análise dos diversos estados de oxidação do nitrogênio.

1.5. ESTADOS DE OXIDAÇÃO DO NITROGÊNIO

Vamos falar um pouco mais dos aspectos químicos relacionados ao nitrogênio e aos seus compostos. Até aqui, o leitor pôde perceber que o gás nitrogênio, o mais abundante na atmosfera da Terra, pode reagir com o hidrogênio e com o oxigênio, formando outros compostos de importâncias biológica e industrial. Essa combinação do nitrogênio com esses elementos resulta, ainda, na formação de vários outros compostos e íons, em que os conteúdos de hidrogênio e de oxigênio podem variar bastante. Na Tabela 1.1, podemos observar diversas fórmulas de compostos e de íons simples contendo N, H e O, bem como o número de oxidação, o nome químico e a estrutura tridimensional – modelo de espaço preenchido – de cada um desses compostos.

Tabela 1.1 – Alguns compostos de nitrogênio com diferentes estados de oxidação

Fórmula	Número de oxidação	Nome	Estrutura tridimensional
NH_3	−3	Amônia	
N_2H_4	−2	Hidrazina	
N_2	0	Nitrogênio	
N_2O	+1	Óxido nitroso	
NO	+2	Óxido nítrico	
NO_2^-	+3	Nitrito	
NO_2	+4	Dióxido de nitrogênio	
NO_3^-	+5	Nitrato	

Como podemos perceber, o nitrogênio apresenta número de oxidação variando desde -3 até +5. Essa ampla variação no número ou estado de oxidação tem importantes implicações no ciclo biogeoquímico do nitrogênio e em suas relações com os ciclos biogeoquímicos de outros elementos químicos, além de também ter implicações para vários processos bioquímicos envolvendo esse elemento.

Aqui talvez o leitor que não esteja familiarizado com a Química tenha dificuldade de entender quando falamos de número ou estado de oxidação e por que esse conceito é tão importante para nós. Esses dois termos são tratados, de modo geral, como sinônimos, embora exista alguma pequena diferença conceitual entre eles.[13]

Os números de oxidação foram originalmente inventados por químicos inorgânicos para tratar do balanceamento de reações de oxidorredução. Essas reações envolvem a transferência de elétrons de uma espécie química para outra. Nesse tipo de reação, a espécie que perde elétrons tende a ficar com carga positiva maior, enquanto a que ganha elétrons tende a ter redução em sua carga positiva ou, mesmo, ficar carregada negativamente. Nesse contexto, o número de oxidação, representado pelos sinais + ou –, seguidos, ou antecedidos, de um numeral arábico (por exemplo +1, -2, ou 1+, 2-),[14] indica a deficiência ou o excesso de elétrons de determinado átomo em relação ao que ele tinha antes de reagir. Vamos recordar o que já dissemos para que você, leitor, entenda melhor: os átomos no estado elementar apresentam o mesmo número de prótons (carga +1) e de elétrons (carga -1). Consideremos, por exemplo, um átomo de sódio (Na) que tem 11 prótons e 11 elétrons. Nesse caso, ele é neutro e seu número de oxidação é zero (0), assim como o número de oxidação de todos os outros átomos quando estão no estado elementar. Quando o átomo de sódio perde um elétron, ele passa a ter um próton em excesso e, com isso, se transforma em um cátion com carga +1. Ele agora é representado pelo símbolo Na^{1+}, indicando que o número de oxidação do sódio é igual a +1. Melhor explicando, dissemos que nesse processo o átomo de sódio foi oxidado, pois ele perdeu um de seus elétrons.

Consideremos agora uma molécula de cloro gasoso, representada pela fórmula Cl-Cl. Se essa molécula receber dois elétrons, a ligação (representada pelo traço) entre esses dois átomos será rompida e cada um deles receberá um elétron. Posto que o átomo de cloro tem 35 prótons e 35 elétrons, ao receber um elétron, cada um desses átomos ficará com excesso de elétrons e, portanto, com carga negativa igual a -1. Nesse caso, a molécula de cloro transformou-se em dois ânions de cloreto, representados por Cl^-. Como dissemos, o número de oxidação de qualquer átomo no estado elementar é zero, e isso se aplica também ao Cl$_2$. Assim, ao receber dois elétrons (um para cada átomo de cloro), o número de oxidação do cloro passou de 0 para -1, ou seja, diminuiu. Nesse caso, dissemos que o cloro foi reduzido.

Se o leitor recordar, a aproximação entre íons de cargas opostas resulta em atração entre eles, mantendo-os unidos. A força de atração entre tais íons é chamada de ligação iônica. Assim, um cátion Na$^+$ e um ânion Cl$^-$ se atraem para formar o sal de cozinha, conhecido pelo nome químico de cloreto de sódio (NaCl). Mas esse conceito de número de oxidação foi expandido e passou a ser aplicado também no caso de compostos em que os átomos estão unidos por ligação covalente.

Como na ligação covalente os elétrons são compartilhados entre os átomos que se ligam, não ocorre efetivamente transferência de elétrons entre eles. Entretanto, os diferentes átomos têm tendência em atrair mais ou menos os seus elétrons, de modo que, ao compartilharem elétrons para formar ligações covalentes, esse compartilhamento não é uniforme. Melhor explicando, o átomo que tende a atrair mais os seus elétrons, ao compartilhar com outro, terá os dois elétrons mais atraídos em sua direção, tornando-se parcialmente negativo. Como consequência disso, o outro elemento fica parcialmente positivo. Assim, o termo "número de oxidação" passou a ser empregado nesse caso também, correspondendo à carga que os elementos teriam se, em vez desse compartilhamento desigual dos elétrons, os elétrons tivessem sido efetivamente transferidos entre eles, como nos casos do sódio e do cloro mencionados anteriormente.

De modo geral, os metais tendem a perder elétrons ao reagirem e, consequentemente, a ter números de oxidação positivos. Entretanto, os elementos não metálicos, como os gases oxigênio, cloro, flúor e o próprio nitrogênio, tendem a receber elétrons, possuindo, portanto, números de oxidação negativos. Entre todos os elementos químicos, o que tem maior tendência em atrair elétrons é o flúor, seguido do oxigênio.

Como o oxigênio é elemento muito reativo, ele pode, então, formar muitos compostos com diversos outros elementos, incluindo o nitrogênio, conforme os exemplos apresentados na Tabela 1. Considerando que nesses compostos o número de oxidação do oxigênio é -2, fica, então, fácil calcular os números de oxidação do nitrogênio em cada caso.[15] De modo geral, quanto maior o conteúdo de oxigênio em um composto, mais oxidado é esse composto. Consequentemente, maior é o número de oxidação do elemento ao qual estão ligados esses átomos de oxigênio.

Assim, fica agora claro que o número de oxidação do nitrogênio no NO é +2, uma vez que o do oxigênio é -2. No caso do NO_2, o nitrogênio tem número de oxidação +4, pois existem nessa molécula dois átomos de oxigênios e, com isso, a carga total -4 pode ser atribuída a eles. Observemos que a soma dos números de oxidação deve corresponder à carga da molécula ou do íon. Por exemplo, no caso do íon nitrato (NO_3^-), o nitrogênio tem número de oxidação +5, uma vez que este está ligado a três átomos de oxigênio, que perfazem uma carga total igual a -6 (3 x -2). Assim, a soma da carga +5 com a carga devida ao oxigênio de -6 corresponde à carga do íon nitrato, que é -1.

No caso do hidrogênio, ele pode ter os números de oxidação -1, 0, +1. Sempre que ele estiver ligado a um elemento com maior capacidade de atrair elétrons, seu número de oxidação será +1. Portanto, no caso do NH_3, o nitrogênio tem número de oxidação -3. No composto NH_2NH_2, conhecido como hidrazina, o número de oxidação dos átomos de nitrogênio é -2.

Embora tenhamos discutido longamente o conceito de número de oxidação, que está associado à tendência com que os elementos atraem seus elétrons, esse conceito é muito mais comum no nosso dia a dia e todos nós já observamos esse efeito. Por exemplo, quando um pedaço de ferro ou um prego ficam em contato com o ar, sabemos que se forma na superfície deles um material de cor amarronzada, que chamamos de ferrugem. Esta nada mais é que o composto Fe_2O_3, denominado óxido de ferro, produzido pela reação do ferro com o oxigênio do ar. O mesmo ocorre com um tacho de cobre, cuja coloração avermelhada brilhante desse metal passa para uma cor também amarronzada, devido à formação do di-hidroxicarbonato de cobre II ($Cu_2(OH)_2CO_3$), conhecido popularmente como zinabre, ou azinhavre.[16] Em ambos os casos, o átomo de oxigênio está promovendo a oxidação dos metais, com a elevação de seus números de oxidação.

Outros fenômenos de oxidação natural acontecem quando cortamos uma fruta, a exemplo de uma maçã. Observamos que pouco tempo depois de cortada ela começa a escurecer. Isso se deve à oxidação de compostos orgânicos presentes na fruta, promovida pelo oxigênio do ar.

Voltemos aos compostos de nitrogênio. Devido a essa ampla faixa de números de oxidação que esse elemento apresenta, ele pode formar diversos compostos, participando de inúmeras transformações químicas, dependendo das condições ambientais. Ele também participa de inúmeras transformações biológicas, sendo oxidado ou reduzido em função do ambiente onde se encontra.

Como o nitrogênio gasoso é muito pouco reativo, para que ele seja útil na produção de diversos outros compostos e seja absorvido por plantas e outros organismos vivos, é necessário primeiro que ele se transforme em compostos simples, como os listados na Tabela 1. Geralmente dissemos que o N_2 é uma forma não reativa de nitrogênio, ao passo que todas as outras formas em que o nitrogênio se encontra, oxidado ou reduzido, são reativas. Vamos designar esses compostos reativos de nitrogênio de forma genérica como N_r. É na forma de espécies reativas (N_r) que o nitrogênio participa de um ciclo biogeoquímico essencial para o equilíbrio ecológico do planeta. Algumas dessas formas reativas são também essenciais para o funcionamento de diversos processos bioquímicos em nosso organismo.

1.6. LIQUEFAZENDO GASES

Nós sabemos que um líquido, se for bastante volátil, pode facilmente passar para a fase gasosa mesmo na temperatura ambiente. Para os líquidos menos voláteis como a água, esse processo pode ser bem acelerado por aquecimento, uma vez que durante a evaporação o líquido absorve calor. A evaporação é facilmente observada em nosso dia a dia quando uma chaleira de água é posta ao fogo para fazer chá ou café. As bolhas que observamos na água líquida são formadas pela água na fase gasosa. O inverso desse processo, ou seja, a conversão de um gás em líquido, envolve a remoção de calor do gás ou o seu resfriamento. Ainda no início do século XIX, diversos pesquisadores já estavam realizando experimentos com o objetivo de liquefazer os gases. Um desses pioneiros foi o cientista inglês Michael Faraday (1791-1867), que em 1823 apresentou um trabalho na Royal Society, em Londres, oportunidade em que relatou ter conseguido transformar vários gases em líquidos.[17] Na realidade, o trabalho foi lido pelo seu chefe imediato, o professor Humphry Davy, uma vez que Faraday era o assistente-técnico de Davy na Royal Institution, também sediada em Londres. Nesse trabalho, Faraday relatava que conseguiu liquefazer amônia, dióxido de carbono, cloro e óxido nítrico, entre outros, sendo, porém, incapaz de liquefazer gases como o hidrogênio e o oxigênio. No procedimento que realizou, Faraday menciona que os compostos foram postos em frascos de vidro hermeticamente fechados e, então, colocados em gelo ou em outra mistura refrigerante, que ele não detalha. Em seu trabalho, Faraday não menciona ter realizado esse tipo de experimento com nitrogênio, que à época já era conhecido. Mas, pelo que já conhecemos sobre o nitrogênio e pelas condições experimentais disponíveis em seu laboratório, ele certamente não teria conseguido liquefazer esse gás, da mesma forma que não foi bem-sucedido com os outros gases que citamos.

O nitrogênio é um gás que, como todos os outros, pode ser convertido na forma de um líquido. Quando resfriado a -196 °C, ele se condensa em um líquido incolor, conforme demonstrado pela primeira vez pelos pesquisadores poloneses Karol Olsezewski (1846-1915) e Zygmunt Wróblewski (1845-1888) em 1883, na Cracóvia. Nos experimentos realizados por esses dois pesquisadores, eles utilizaram um método que envolve uma série de resfriamentos e expansões do gás até que pequena quantidade do nitrogênio líquido foi obtida. Apesar desses resultados impressionantes para a época, a obtenção de grandes quantidades de nitrogênio líquido para fins de aplicações industriais somente veio a ocorrer no final do século XIX. Em 1895, o físico e engenheiro alemão Carl von Linde (1842-1934) desenvolveu um processo para resfriar grandes quantidades de gases até que estes se transformassem em líquidos. Von Linde já vinha trabalhando desde a década de 1870 no desenvolvimento de tecnologias de refrigeração, quando em 1894, por solicitação da cervejaria Guinness, ele desenvolveu o novo processo de liquefação de gases baseado no chamado efeito Joule-Thomson. Como físico, ele tinha conhecimento dos trabalhos do cientista inglês James Prescot Joule (1818-1889) e do físico e matemático irlandês William Thomson (1824-1907), também conhecido como Lord Kelvin. Segundo esses trabalhos, a compressão de um gás resulta em seu aquecimento, enquanto sua rápida expansão resulta em resfriamento.

Von Linde utilizou esse princípio e criou um sistema para comprimir o ar e, após a dissipação do calor resultante, esse ar era expandido ao passar através de pequeno orifício até atingir uma câmara maior. Nesse processo de expansão, o ar é resfriado. O ar mais frio passa por outro ciclo de compressão e expansão, sendo ainda mais resfriado. A engenhosidade de von Linde o levou a criar um sistema em contracorrente, em que o ar previamente resfriado é colocado em contato com mais ar comprimido nos primeiros estágios do processo. Com isso, ao expandir, esse ar atinge temperaturas ainda menores. O ciclo é repetido várias vezes até que o ar começa a se liquefazer. O líquido é recolhido, e todo o ar resfriado, ainda não liquefeito, retorna para um novo ciclo.

Nessa época, o ar líquido era uma novidade industrial, e suas múltiplas aplicações ainda estavam por serem descobertas. Mas o espírito empreendedor de von Linde o levou a desenvolver seu processo ainda mais, criando um método para a separação, por destilação fracionada, do nitrogênio e do oxigênio do ar.

Nos dias de hoje, grandes quantidades de nitrogênio e de oxigênio são obtidas pelo processo criado por von Linde, incorporando toda a tecnologia mais moderna desenvolvida nas últimas décadas. Nesse processo, os dois gases são obtidos diretamente pela liquefação do ar comum. Como este ar contém dióxido de carbono e vapores de água, que se tornam sólidos antes mesmo de o ar se liquefazer, eles devem ser removidos primeiro. Para isso, o ar é passado por um recipiente contendo óxido de cálcio (CaO) que, ao reagir com o vapor de água, é convertido em hidróxido de cálcio (Ca(OH)$_2$), que é também sólido (equação 1). O ar é, então, passado através de outro recipiente contendo hidróxido de sódio (NaOH), que reage com o gás carbônico e forma o bicarbonato de sódio (NaHCO$_3$), que por sua vez é também sólido (equação 2).

$$CaO_{(s)} + H_2O_{(g)} \longrightarrow Ca(OH)_{2(s)} \qquad (1)$$

$$NaOH_{(s)} + CO_{2(g)} \longrightarrow NaHCO_{3(s)} \qquad (2)$$

Após passar por esses dois recipientes, restam do ar comum o nitrogênio, o oxigênio e pequena quantidade de gases nobres, especialmente argônio (0,94%). Essa mistura é agora submetida ao processo de compressão e expansão até que se torne líquida. Os dois principais componentes dessa mistura (N$_2$ e O$_2$) são, assim, separados pelo processo de destilação fracionada, o mesmo tipo de processo utilizado em refinarias de petróleo para separar as diversas frações do óleo bruto. Nesse processo, quando a temperatura da mistura de nitrogênio com o oxigênio atinge -196 °C, o nitrogênio passa da forma líquida para a forma gasosa, separando-se do oxigênio. Nessa temperatura, o oxigênio permanece na forma líquida, uma vez que sua temperatura de ebulição é -183 °C.

Esse processo é chamado de criogenia, sendo empregado em grande escala nas indústrias e também, em escalas menores, em laboratórios de pesquisa que produzem seu próprio nitrogênio líquido, como no sistema ilustrado na Figura 1.2. Esse equipamento está instalado no Departamento de Química da Universidade Federal de Minas Gerais (UFMG) e atende à demanda de nitrogênio nas pesquisas desse órgão.

Esse equipamento produz em torno de oito litros de nitrogênio líquido por hora – A produção mensal é de 800 litros. Na imagem à esquerda, observa-se um equipamento de criogenia conectado a um recipiente de 500 litros de capacidade para armazenar esse nitrogênio.

Figura 1.2 - Laboratório de criogenia do Departamento de Química da UFMG para produção de nitrogênio líquido.

Na imagem à direita, pode-se ver ao fundo o filtro por onde grande parte do oxigênio e outros gases são removidos. O ar que entra no compressor (amarelo) tem aproximadamente 95% de nitrogênio. Esse equipamento realiza quatro ciclos de compressão-expansão para liquefazer esse gás.

1.7. USOS DO NITROGÊNIO GASOSO E LÍQUIDO

O nitrogênio gasoso tem muitas aplicações industriais, como proporcionar atmosfera inerte na indústria de ferro e aço. O ferro fundido e o aço em altas temperaturas reagem com o oxigênio do ar, formando óxidos de ferro, o que prejudica a qualidade do produto final. Para evitar que essa oxidação ocorra, todo o processo é feito sob uma atmosfera de nitrogênio, que não reage com o ferro nessas condições.

O nitrogênio gasoso é também empregado em laboratório de pesquisa e na indústria química para proporcionar atmosfera inerte necessária à realização de diversas transformações que requerem a ausência de umidade e de oxigênio. Ele encontra também emprego na indústria eletrônica para proteger peças sensíveis da oxidação pelo oxigênio presente no ar comum.

Como o processo de deterioração de alimentos envolve também oxidação pelo oxigênio do ar, o nitrogênio tem também sido utilizado para prevenir ou retardar esse tipo de degradação. Por exemplo, garrafas de vinho após abertas podem ser conservadas por mais tempo se o ar sobre o vinho restante for substituído por nitrogênio. Pesquisas também mostraram que maçãs mantidas em câmara com atmosfera de nitrogênio por 25 horas e submetidas a um processo de resfriamento lento durante 5-6 horas podem ser posteriormente estocadas por até cinco meses em atmosfera de ar normal, com preservação de até 90% do produto.[18] Esse tempo é muito superior aos poucos dias que uma maçã dura em casa quando mantida fora da geladeira.

Outra importante aplicação do nitrogênio gasoso é na indústria do petróleo, onde ele é bombeado em poços cuja produção diminuiu. Nesses casos, a pressão exercida pela injeção de nitrogênio empurra para cima quantidade de óleo que não seria possível pelas técnicas convencionais. Existem diversas tecnologias nessa área empregando o nitrogênio, já que o ar comum não pode ser utilizado para esse fim, uma vez que o oxigênio poderia reagir com o óleo, resultando na formação de produtos indesejados.

O nitrogênio líquido tem aplicações em laboratórios de pesquisa quando se desejam temperaturas muito baixas. Lembre-se de que ele entra em ebulição a -196 °C. Quando misturado com solventes orgânicos, é possível obter banhos de refrigeração em temperaturas muito baixas e variadas, dependendo da natureza do solvente. Por exemplo, ao ser misturado com tolueno, a temperatura do banho fica em torno de -95 °C.

Na forma líquida, o nitrogênio é essencial para resfriar magnetos supercondutores existentes em aparelhos de Ressonância Magnética Nuclear (RMN), utilizados em laboratórios de Química, na indústria e nos centros de pesquisa. Os equipamentos de RMN são também comuns, hoje em dia, em hospitais e clínicas para realização de diagnósticos diversos. Outra importante aplicação industrial do nitrogênio líquido é na refrigeração de alimentos e também na preservação de sêmen animal e de humanos, em bancos de inseminação artificial.

Além dos usos que descrevemos para o nitrogênio nas suas formas gasosa e líquida, no estado elementar ele é um dos principais ingredientes empregados na indústria química. É empregado como matéria-prima para a produção de amônia, que serve de base para a produção de adubos nitrogenados. A amônia é também utilizada como material de partida para a síntese de outro importante produto, que é o ácido nítrico. Também serve como ingrediente essencial para a síntese de diversos polímeros, como o náilon.

CAPÍTULO 2

NITROGÊNIO: DA PÓLVORA AO VIAGRA

Nossa discussão até aqui foi centrada nos aspectos da descoberta, liquefação e alguns usos do nitrogênio na sua forma elementar. Desde os trabalhos pioneiros de Rutherford no século XVIII até os dias de hoje, muitas foram as descobertas sobre as possibilidades de transformação do nitrogênio gasoso em compostos utilizados para melhorar a qualidade de vida da humanidade. O nitrogênio pode ser convertido em adubos nitrogenados que tiveram, e têm, grande impacto na produção de alimentos, possibilitando sustentar uma população crescente que já ultrapassa 7,6 bilhões de seres humanos. Foram preparados polímeros como o náilon e o poliuretano, utilizados em aplicações das mais diversas, como na produção de roupas, bolsas, utensílios domésticos, estofados etc. Muitos dos medicamentos sintéticos empregados no tratamento de doenças infecciosas, câncer, processos inflamatórios têm pelo menos um átomo de nitrogênio em suas estruturas. Compostos naturais como a penicilina, um dos mais importantes agentes antibióticos conhecidos, também possuem nitrogênio como parte essencial de sua fórmula. Está presente também em drogas como a nicotina e a cocaína e em neurotransmissores como a serotonina. O nitrogênio também é componente fundamental para a nutrição de ruminantes, como o gado bovino. A suplementação nutricional à base de ureia, composto nitrogenado de origem natural e também sintética, contribui para que o Brasil seja hoje o maior produtor de carne bovina do mundo. O nitrogênio, na forma de nitrato, também entra na composição da pólvora. O nitrato pode ser convertido em ácido nítrico, que por sua vez é necessário para a produção de diversos explosivos, como a trinitroglicerina (TNG) e o trinitrotolueno (TNT), compostos empregados em larga escala em mineração e também em armas de fogo.

Como já mencionamos, todos nós sabemos que o oxigênio é fundamental para a nossa vida, mas não nos damos conta da importância que o nitrogênio – elemento quase que desconhecido para a maioria de nós – tem para a nossa existência. Como possuímos limitação de espaço, faremos aqui a seleção de apenas alguns compostos contendo nitrogênio para melhor ilustrar o impacto que este elemento tem em nossas vidas.

2.1. DO SALITRE À PÓLVORA

A execução de qualquer atividade requer o gasto de alguma quantidade de energia. A energia que utilizamos para realizar as nossas atividades diárias, como andar, correr, ler, cantar etc., vêm dos alimentos que consumimos. No entanto, algumas atividades requerem quantidade muito grande de energia, muito além de nossas forças. Pense na remoção de uma grande rocha para a passagem de uma estrada; na perfuração de montanhas para a construção de túneis; na abertura de minas para a obtenção de minerais valiosos; na demolição controlada de edifícios e pontes que, por questão de segurança, ou outros interesses, não podem mais ficar onde foram construídos. Para tudo isso, muita energia deve ser gasta. Grande quantidade de energia é também necessária para que projéteis de canhões e de outros tipos de armamentos bélicos possam ser disparados com a necessária energia para que os alvos sejam atingidos e os objetivos sejam alcançados – Nesse caso, para derrotar o inimigo, coisa que é relatada desde tempos imemoriais. Nesse sentido, a energia armazenada de alguma forma na natureza pode ser utilizada tanto para o bem quanto para o mal.

Muito dessa energia que precisamos está, de certa forma, armazenada em compostos químicos que, por meio de reações uns com os outros, a liberam na forma de calor ou luz. Uma das grandes invenções da humanidade nessa área corresponde a uma mistura de três componentes naturais, como o carvão, o enxofre e o salitre. Essa mistura deu origem à pólvora.

A história da pólvora é relatada em muitos estudos, mas o certo é que não se sabe quem a descobriu.[19] A pólvora, conhecida também como "pólvora negra", foi inventada na China, onde os primeiros relatos sobre sua produção e uso datam do século IX. Embora não se saiba ao certo as circunstâncias de sua obtenção pela primeira vez, provavelmente foi trabalho de algum alquimista procurando transmutar metais em ouro ou, mesmo, descobrir um elixir da longa vida. O fato é que enxofre e carvão eram ingredientes comuns nos laboratórios alquímicos. O salitre, conhecido quimicamente como nitrato de potássio (KNO$_3$), era também um produto de origem natural conhecido. De alguma forma, a mistura desses três componentes, seja de forma intencional ou não, resultou um produto que pega fogo com muita rapidez, liberando gases e energia. Ao longo dos séculos, a fórmula foi aperfeiçoada e a proporção dos três ingredientes, alterada, de modo a obter um produto adequado para cada necessidade. Esse novo invento logo levou à criação de fogos de artifícios e armas de fogo. Em um compêndio militar chinês de 1044, muitas fórmulas para a pólvora são apresentadas, indicando que muita experimentação foi feita para aprimorar o invento e aumentar sua eficácia.

Apesar dos esforços para manter a fórmula em segredo, uma vez que seu controle dava grande vantagem militar a quem tivesse acesso a esse produto, a notícia da invenção da pólvora acabou se espalhando para a Índia, a Europa e o mundo Árabe.

De forma bem resumida, para que uma explosão ocorra, com liberação de muita energia, uma reação de oxidorredução deve estar envolvida, resultando também na liberação de grande quantidade de gases. Os gases superaquecidos expandem-se rapidamente no entorno da explosão, resultando em uma onda de choque, como ocorre quando um jato supersônico ultrapassa a barreira do som.

Para que a reação ocorra é necessário que a mistura tenha um componente que funcione como oxidante, ou seja, que irá transferir oxigênio para outro elemento. Nesse caso, o oxidante é o salitre ou nitrato de potássio (KNO$_3$). Nota-se que o KNO$_3$ é muito rico em oxigênio, tendo, portanto, grande poder oxidante. Mas um composto somente pode agir como oxidante se tiver outro composto com que possa reagir e oxidá-lo. No caso da pólvora, esses compostos são o enxofre e o carbono do carvão. O enxofre recebe parte do oxigênio do salitre, sendo, então, convertido no sulfato de potássio (K$_2$SO$_4$), que é um sólido. O carvão, por sua vez, recebe também oxigênio do nitrato, sendo convertido no sólido carbonato de potássio (K$_2$CO$_3$) e no gás dióxido de carbono (CO$_2$). O nitrogênio que sobra fica na forma elementar gasosa. Uma equação para a combustão da pólvora é apresentada a seguir (3).[20]

$$10\ KNO_3 + 3\ S + 8\ C \longrightarrow 2\ K_2CO_3 + 3\ K_2SO_4 + 6\ CO_2 + 5\ N_2 \quad (3)$$

Em uma fórmula mais comum para a pólvora são empregados 75% de salitre (KNO$_3$), 15% de carvão e 10% de enxofre. Como os constituintes naturais que entram nessa composição não são necessariamente puros, a equação citada representa uma situação ideal. Embora não representada na equação (3), a reação de combustão pode resultar também na formação de outros gases, como monóxido de carbono (CO) e dióxido de enxofre (SO_2), ambos muito tóxicos. O dióxido de enxofre é irritante para os pulmões, sendo responsável pelo cheiro de enxofre sentido quando assistimos a espetáculos pirotécnicos. Entretanto, de modo geral, na combustão de uma amostra de pólvora são formados aproximadamente 56% de sólidos, 1% de água (não ilustrada na equação 3) e 43% de gases. São esses gases superaquecidos que se expandem violentamente, causando os efeitos (para o bem ou para o mal) desejados.

Como dissemos, a presença do nitrato é indispensável, como oxidante, na pólvora. Além do nitrato de potássio (salitre), é conhecido naturalmente o nitrato do chile, que corresponde ao nitrato de sódio ($NaNO_3$). A nitrobarita ($Ba(NO_3)_2$, nitrato de bário) e a nitrocalcita ($Ca(NO_3)_2$, nitrato de cálcio) são outros dois minerais contendo nitrato, porém menos comuns. De todos, o mais adequado para a produção de pólvora é o nitrato de potássio, uma vez que os demais são muito higroscópicos, gerando com isso uma pólvora que facilmente fica umedecida, perdendo seu poder detonante. Em razão disso, esses outros nitratos naturais, quando explorados para a produção de pólvora, devem ser convertidos no sal de potássio correspondente. Esse procedimento é muito comum e foi empregado para a produção de KNO_3 a partir de nitratos obtidos de cavernas em Minas Gerais e na Bahia, no Brasil, durante os séculos XVIII e XIX, conforme mostrado no Quadro 2.1.

Por muitos séculos, a pólvora foi o mais importante elemento explosivo, utilizado como forma de dominação dos povos. Com ela, diversas armas de fogo foram também desenvolvidas e muitas vidas foram perdidas. Muitas fortunas foram feitas, e muitos impérios ruíram. É impressionante observar que, mesmo sem o conhecimento das bases da Química Moderna, sem mesmo entender sobre a reação que ocorria com a combustão dos três elementos constituintes da pólvora, sua fórmula foi aprimorada ao longo dos séculos. No entanto, por mais que se aperfeiçoasse sua técnica de produção, existe um limite na capacidade explosiva da pólvora negra, considerada um explosivo de baixa potência. Essa baixa potência se deve à lenta taxa de decomposição, resultando em baixo poder detonante. Existe também uma limitação prática, pois, ao ser disparada uma arma de fogo, grande quantidade de fumaça escura é formada, indicando claramente a posição do atirador, o que o deixa em posição de fragilidade durante o combate.

Quadro 2.1 – **Química e cavernas: uma mistura explosiva nos sertões do Brasil**[21]

As cavernas carbonáticas do interior do país encerram em seus interiores diversos patrimônios arqueo e paleontológicos. No entanto, nos séculos XVII a XIX, as grutas de Minas Gerais e da Bahia ganhavam a atenção devido à produção de um item de interesse estratégico aos reinos de Portugal e (posteriormente) do Brasil: o salitre. Formado pelo nitrato de potássio (KNO$_3$), o salitre é componente essencial para a fabricação da pólvora, utilizada durante o período mencionado não apenas para fins militares, mas ainda para apoiar a exploração de minas de ouro e diamante.

Nas cavernas, os minerais que fixam o nitrogênio a partir da decomposição de matéria orgânica são os nitratos de cálcio e o magnésio. Esses se depositam no piso das cavernas com argila, areia e pedaços maiores de calcário ou calcita, sedimentos produzidos pela degradação das cavernas. O beneficiamento do salitre era feito nas proximidades da boca das cavernas, através de técnicas rudimentares de extração sólido-líquido dos nitratos, com o uso de troncos de grandes árvores vazados, que eram preenchidos pelo sedimento retirado das grutas, já triturado e finalmente percolado pela água. Esse filtrado, chamado de **mênstruo**, era combinado com cinzas de árvores, ricas em carbonatos de sódio e potássio, em tachos metálicos e fervidos no intuito de produzir o "coração" da pólvora (KNO$_3$), conforme a seguinte equação: $Ca(NO_3)_2 + K_2CO_3 \rightarrow 2\ KNO_3 + CaCO_3$.

À medida que o carbonato de cálcio e outros sais pouco solúveis precipitavam, a solução se enriquecia do salitre que era então deixado a "congelar" (nome dado à época ao processo de recristalização) nos recipientes onde o processo era feito. Toda a produção era adquirida por representantes do governo, sendo enviada a Salvador ou ao Rio de Janeiro. Nas fábricas dessas cidades, o salitre era misturado com carvão e enxofre para a produção da pólvora.

Este produto químico nitrogenado foi essencial ao Brasil, pois, de acordo com Manoel Ferreira Câmara Bitencourt e Sá (1762-1835), mais conhecido como Intendente Câmara, o salitre de portugueses residentes Minas Gerais *contribuiu para a nossa emancipação e não foi decerto com o salitre vindo de fora que debelaram os lusitanos na província da Bahia*.[22] Câmara descreve a expulsão dos exércitos na Bahia que não aceitavam a declaração da Independência do Brasil, declarada por Dom Pedro I em 7 de setembro 1822.

Até hoje ainda podem ser encontradas diversas grutas no interior de Minas Gerais e da Bahia que preservam a memória desta relação entre a Química e a Espeleologia. Marcas de instrumentos de escavação, estruturas de fornos, escadas e até mesmo utensílios usados no beneficiamento do salitre são preservados intactos nos sepulcros das cavernas (Figura 2.1).

Figura 2.1 – Lapa da Forquilha, caverna situada em Baldim, MG, de onde se extraiu salitre entre os séculos XVIII e XIX.

O sucesso da pólvora negra durou por séculos, tendo sido largamente empregada em diversos tipos de armamentos e em projetos de mineração e engenharia civil até a segunda metade do século XIX, quando explosivos mais potentes começaram a ser inventados, na sua maioria contendo o grupo nitro em suas fórmulas.

2.2. NITROGLICERINA E OUTROS EXPLOSIVOS NITROGENADOS

Um dos novos produtos explosivos mais potentes preparados em laboratório é a nitroglicerina. Esse composto é derivado de um álcool natural oleoso chamado de glicerol, constituinte de todos os óleos vegetais e gorduras animais. O glicerol é formado por uma cadeia de três átomos de carbono, cada um deles ligados a um grupo –OH. O glicerol, também conhecido como glicerina, é utilizado em vários produtos de higiene como sabonetes, produtos de beleza, pasta de dente e até mesmo em fumo de rolo. Esse amplo uso se deve às suas propriedades umectantes, ou seja, o glicerol tem afinidade pela água, mantendo, dessa forma, a umidade dos produtos e evitando que ressequem rapidamente. Para a formação da nitroglicerina, os átomos de hidrogênio (H) dos três grupos –OH do glicerol são substituídos por grupos nitro (-NO$_2$). Essa substituição é conseguida, misturando-se o glicerol com ácido nítrico (HNO$_3$) e ácido sulfúrico (H$_2$SO$_4$), conforme ilustrado na Figura 2.2.

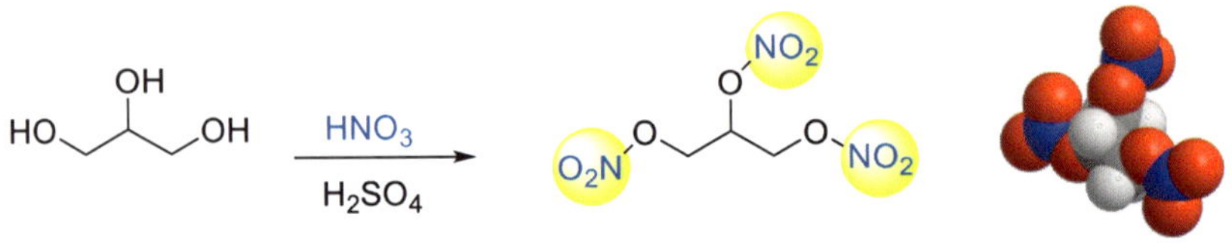

Figura 2.2 – Equação da conversão do glicerol em nitroglicerina. À direita, uma representação da fórmula tridimensional da glicerina, mostrando em vermelho os átomos de oxigênio, em azul o nitrogênio, em cinza o carbono e em branco os átomos de hidrogênio, conforme convenção na Figura 1.1.

A nitroglicerina, como pode ser visto na fórmula da Figura 2.3, possui de fato três grupos nitrato (-ONO$_2$), o que confere a ela grande poder oxidante. No entanto, ela também tem em sua própria fórmula três átomos de carbono que funcionam como "agentes redutores", como o carvão na pólvora. Melhor explicando, na nitroglicerina os oxidantes e redutores estão presentes na mesma substância, tornando-a explosiva na forma pura, sem a necessidade de ser misturada com nenhum outro composto. De fato, a nitroglicerina é muito sensível a choques mecânicos, que podem resultar na distorção de sua estrutura química, que é muito instável. Qualquer choque pode levar ao rearranjo de seus átomos com a consequente decomposição em grande quantidade de gases, como nitrogênio, dióxido de carbono, água na forma de vapor e um pouco de oxigênio, conforme a equação a seguir:

$$4C_3H_5N_3O_{9(l)} \longrightarrow 6\,N_{2(g)} + 12\,CO_{2(g)} + 10\,H_2O_{(g)} + O_{2(g)} \qquad (4)$$

Conforme pode ser visto por esta equação, a decomposição da nitroglicerina resulta apenas na formação de gases, não deixando nenhum resíduo sólido ou líquido. A quantidade de energia liberada é também muito grande, uma vez que as entalpias das ligações dos produtos formados são muito altas, correspondendo a 946 kJ mol^{-1} para N≡N, 799 kJ mol^{-1} para C=O e 463 kJ mol^{-1} para H-O.

A descoberta da nitroglicerina e seu posterior desenvolvimento em um produto comercial de grande sucesso, nesse caso a dinamite, envolveu uma história com muitos personagens. Como aconteceu com muitas descobertas importantes na ciência, às vezes o acaso e a sorte intervieram de forma inesperada. Nesse caso, as primeiras descobertas sobre a nitração de compostos tendo grupos OH ocorreram na primeira metade do século XIX. Tudo começou quando em 1832 o químico e farmacêutico francês Henri Braconnot (1780-1855) misturou ácido nítrico com fibras de madeira e também com amido, obtendo um material muito leve e explosivo. Em 1838, outro químico francês, Théophile-Jules Pelouze (1807-1867), misturou ácido nítrico com papel e papelão e obteve resultados parecidos com os de Branconnot. Nessa mesma linha de pesquisa, o renomado químico Jean Baptiste Dumas (1800-1884), também francês, estava trabalhando na mesma área, e seus resultados foram parecidos com os de seus contemporâneos. Para nós, hoje não é difícil compreender a semelhança nas propriedades dos produtos obtidos por esses pesquisadores, uma vez que sabemos que a celulose é o principal constituinte químico da madeira, do papel e do papelão. O amido utilizado por Braconnot é muito parecido estruturalmente com a celulose, uma vez que ambos os compostos são formados basicamente por glicose. Essas descobertas envolviam pesquisa em Química Básica, em que os cientistas estavam tentando compreender como a adição de ácido nítrico afetava as estruturas e estabilidades de diversos materiais, mas que poderia resultar na obtenção de produtos com alguma aplicação industrial. Infelizmente, devido à alta instabilidade do material obtido, nenhuma aplicação prática poderia ser vista à época.

Em 1845 entra em cena o químico suíço-alemão Christian Friedrich Schönbein (1799-1868), que também estava trabalhando com reações envolvendo o ácido nítrico. Não se sabe ao certo o que Schönbein estava fazendo na cozinha de sua casa com misturas de ácidos nítrico e sulfúrico, mas, ao derramar uma mistura desses ácidos, ele pegou o avental de algodão, de sua esposa, que estava perto para limpar a sujeira que havia feito. Ele, então, em vez de lavar com água corrente o avental, colocou-o para secar perto de um forno. Esse comportamento não é bem o que esperamos de um profissional da Química nos dias de hoje. Entretanto, pouco tempo depois, após secar, o avental entrou em combustão espontaneamente. Claro que Schönbein, cientista curioso que era, tratou de investigar o que tinha acontecido e, desse acidente, descobriu que a mistura dos dois ácidos era muito eficiente para realizar a nitração da celulose do tecido de algodão. Ele, então, desenvolveu um procedimento experimental para a produção de nitrocelulose, no entanto outros cientistas estavam ao mesmo tempo trabalhando nesse problema e publicaram seus resultados primeiro. Esse produto foi chamado de algodão-pólvora, uma vez que explodia como a pólvora, todavia sem produzir tanta fumaça preta. Posteriormente, a nitrocelulose veio a ser também desenvolvida em um produto comercial de grande sucesso.

Um dos muitos pesquisadores que estavam trabalhando na pesquisa por novos explosivos nessa época era o químico italiano Ascanio Sobrero (1812-1888), então professor na Universidade de Turim. Sobrero havia trabalhado com Pelouze em Paris e conhecia muito bem a química do preparo de nitratos orgânicos. Ele realizou experimentos com diversos alcoóis, o que resultou na síntese da nitroglicerina mostrada na equação 4. Ao obter um líquido viscoso e altamente explosivo, esse professor o denominou inicialmente como "piroglicerina", mas manteve sua descoberta em segredo por algum tempo, pois considerava que a substância era muito perigosa. Às pessoas com quem correspondia, ele sempre recomendava que não trabalhassem com tal composto. Entretanto, apesar dos avisos de Sobrero, outro jovem químico suíço, Alfred Bernhard Nobel (1833-1896), se interessou pela descoberta, vendo nela um grande potencial de comercialização. Não por coincidência, Nobel também havia trabalhado em Paris com Pelouze.

Nobel estabeleceu uma fábrica de nitroglicerina em Heleneborg, na Suíça, mas as previsões de Sobrero estavam certas. O produto de fato era muito perigoso e difícil de ser manuseado com segurança. Foi então que, em 1864, a fábrica explodiu e diversos trabalhadores morreram, incluindo Emil Oskar Nobel, o irmão mais jovem de Alfred. Nessa época, Nobel já havia construído outra fábrica na Alemanha, próximo a Hamburgo, onde ele fabricava uma mistura de pólvora com nitroglicerina, então conhecida como "óleo explosivo". Esse óleo era de fato muito perigoso, e duas explosões ocorreram nessa fábrica, na Alemanha.

Por conta dos muitos acidentes, Nobel começou a pesquisar meios de tornar a nitroglicerina mais segura para ser manuseada e transportada. Foi quando ele descobriu que misturando nitroglicerina (75%) com terra de diatomácea (25%) o produto sólido obtido era seguro.[23] Ele denominou esse produto de dinamite, cujo sucesso comercial foi tão grande que fez a fortuna de Nobel, juntamente com outros empreendimentos que ele tinha. Para se ter uma ideia de como os negócios de Nobel prosperaram em curto período de tempo, a produção mundial de nitroglicerina saltou de 11 toneladas em 1867 para 1.350 toneladas em 1872.

Nobel continuou desenvolvendo outros produtos explosivos, tendo criado em 1878 o Cordite®, produto formado de nitroglicerina, nitrocelulose e uma mistura de hidrocarbonetos (vaselina). Ele patenteou muitos outros produtos para fins militares e também civis.

Ao falecer, sem filhos, Nobel deixou sua fortuna para o estabelecimento de um prêmio que leva o seu nome. Segundo seu testamento, o prêmio deve ser conferido a pessoas que mais tivessem contribuído para o benefício da humanidade. Como Nobel era um homem de saúde frágil, sempre sofrendo de depressão, a concessão desse prêmio pode ter sido um meio de ele se redimir das muitas mortes que seu negócio causou, tanto nos inúmeros acidentes quanto nas diversas guerras em que se utilizaram seus produtos.

Com a nitroglicerina e a nitrocelulose, outros compostos explosivos contendo o grupo nitro foram desenvolvidos, entre eles o trinitrotolueno (TNT) e o RDX ou 1,3,5-trinitroperidro-1,3,5-triazina. O RDX é também conhecido como ciclonita. Este composto é utilizado disperso em um polímero plástico, de modo que ele pode ser moldado para diversos fins. Possui muitos fins militares e civis, especialmente para pequenas demolições.

Conforme mencionamos, toda essa geração nova de explosivos à base de compostos nitrados têm em suas estruturas uma parte que funciona como oxidante e outra como redutor, conforme ilustrado na Figura 2.3.

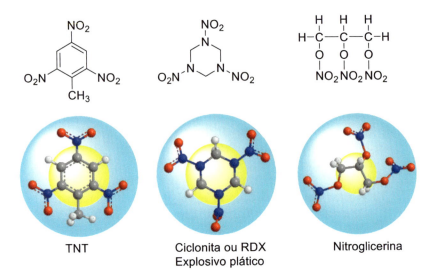

Figura 2.3 – Fórmulas estruturais e estruturas tridimensionais de alguns explosivos comuns, destacando em cada caso as partes que agem como oxidantes (círculo azul) e as que atuam como redutores (círculo amarelo).

O papel do nitrogênio nos explosivos não é exclusivo dos grupos NO_2. Como dissemos, quando Nobel misturou nitroglicerina em terra de diatomácea, o produto resultante ficou seguro para o manuseio e o transporte. Isso resolveu o problema das explosões inesperadas e diminuiu os acidentes, mas resultou na necessidade de desenvolvimento de outra tecnologia para fazer que a dinamite explodisse. Para isso foi preciso criar um sistema para promover a detonação da carga, o que foi resolvido utilizando outro composto à base de nitrogênio, que é a azida de chumbo, $Pb(N_3)_2$, que contém o grupo azida, formado por três átomos de nitrogênio ligados entre si (N_3^-). A azida é muito mais sensível ao choque do que a nitroglicerina, podendo ser detonada quando exposta ao choque de uma pequena fagulha elétrica.

Fizemos até aqui um pequeno relato de como compostos contendo o grupo nitro possuem grande quantidade de energia em suas estruturas e como essas energias podem ser utilizadas para fins militares e também pacíficos, como a construção de estradas, aberturas de túneis e em atividades de mineração. Em Minas Gerais e em outras partes do Brasil existem muitas minas para a extração de riquezas minerais, como ouro, ferro, cobre e manganês. O Estado de Minas Gerais é especialmente rico em ferro, e a retirada dessa riqueza das profundezas da terra requer muita energia dos explosivos. Para saber um pouco mais sobre a mineração em Minas, ver Quadro 2.2.

Quadro 2.2 – O poder do nitrogênio gerando riquezas para o Brasil[24]

Em 2014, a produção brasileira de minério de ferro foi de aproximadamente 412 milhões de toneladas, sendo 68,4% produzidas em Minas Gerais. Nesse mesmo ano, a soma das exportações brasileiras de minério de ferro e de pelotas totalizou 344 milhões de toneladas.

Para a extração do minério de ferro, na maioria das vezes é necessária a fragmentação de rochas por meio de explosões controladas. Para que essas explosões ocorram, são feitas centenas de perfurações na região de interesse e, na base de cada um desses furos, geralmente é introduzida uma ou mais cargas de explosivos, compostas por nitrato de amônio diluído em água e óleo combustível. Para a detonação utiliza-se espoleta – constituída de tubo de alumínio com nitropenta e uma mistura de azida e estifinato de chumbo. Tudo isso é ligado por meio de um cordel, que é um tubo flexível preenchido com nitropenta, RDX ou HMX. O HMX pertence à mesma classe de compostos que o RDX, entretanto sua velocidade de detonação é superior a nove quilômetros por segundo, sendo um dos explosivos mais velozes. Para provocar a detonação é necessária a utilização de iniciadores (espoletas elétrica, pirotécnica e eletrônica, além de estopim), que fornecem a energia necessária para desencadear a decomposição química do explosivo e propagar a onda de detonação de um ponto para outro. Um processo semelhante é utilizado na abertura de estradas, túneis e canais, como na obra de transposição do rio São Francisco (Figura 2.4).

O calor liberado durante a explosão provoca a expansão dos gases, ocasionando a ruptura das rochas pela grande onda de choque gerada. Para se ter uma ideia, devido à elevada temperatura de detonação, o volume atingido pelos gases produzidos pelo explosivo pode chegar a aproximadamente 18.000 vezes o seu volume inicial. Além disso, após a detonação, a onda de choque que percorre a rocha atinge a velocidade de 3.000 a 5.000 m/s.

O mercado sul-americano de explosivos industriais, cuja maioria contém em sua composição o elemento nitrogênio, deve alcançar um valor próximo a 1,32 bilhão de dólares até 2022. O Chile destaca-se como principal produtor, seguido do Peru e do Brasil. No período entre 2016 e 2022, o mercado brasileiro de explosivos industriais, impulsionado pela expansão da mineração, tenderá a crescer a uma taxa de 8,6% ao ano, em termos de arrecadação financeira.

Figura 2.4 – Uso de explosivos nitrogenados na abertura de canal para transposição do rio São Francisco. Detalhe da colocação da carga de explosivos.

2.3. NITROGLICERINA: DE EXPLOSIVO A MEDICAMENTO

Conforme já mencionamos, muitos compostos naturais e sintéticos têm aplicações na medicina, e grande quantidade deles possui um ou mais átomos de nitrogênio em suas fórmulas. A presença do nitrogênio nesses compostos é essencial para que eles tenham a ação desejada, uma vez que a presença desse elemento pode conferir ao composto algumas propriedades químicas únicas.

Como falamos bastante de explosivos, cabe aqui contar uma história, que novamente pode estar associada às muitas descobertas acidentais em ciência. Quando Nobel e outros cientistas e empreendedores estavam pesquisando e comercializando explosivos à base de nitroglicerina, o que eles tinham em mente era um negócio que envolvia armamentos ou aplicações civis diversas. Eles não pensavam em medicamentos, mas Nobel notava que quando frequentava as instalações das fábricas de nitroglicerina algumas coisas estranhas estavam acontecendo. Seus funcionários que sofriam de problemas cardíacos, com sintomas frequentes de angina, notavam que as dores no peito desapareciam quando eles estavam no trabalho. A angina é consequência de uma quantidade reduzida de oxigênio no músculo cardíaco causada por esforço em excesso. Nobel notava também que ele sempre tinha muitas dores de cabeça quando se encontrava na fábrica. Os médicos locais, que atendiam os trabalhadores da fábrica de Nobel, investigaram o assunto e concluíram que esses efeitos eram causados pelos vapores de nitroglicerina inalados pelas pessoas que frequentavam os locais de produção. Depois de alguns experimentos, os médicos passaram a prescrever o uso de nitroglicerina para o tratamento de angina. A formulação do medicamento não tinha perigo de explosão, uma vez que um pequeno comprimido do açúcar lactose contendo uma fração mínima de 0,5 mg de nitroglicerina era colocado debaixo da língua do paciente com ataque de angina.

Entre os efeitos colaterais do uso da nitroglicerina como medicamento estão as dores de cabeça, ou enxaqueca, sentidas por Nobel. Além disso, sintomas como rubor nas faces, palpitações e incontinência urinária eram comuns em alguns pacientes e funcionários das fábricas de nitroglicerina. Esses mesmos sintomas foram observados por médicos que atendiam soldados nas frentes de batalha durante a Primeira Grande Guerra (1914-1918). Os trabalhadores que manipulavam a nitroglicerina para preparar os projéteis apresentavam queda grande na pressão sanguínea, o que em alguns casos terminava em óbito.

Desde os tempos de Nobel no século XIX até os dias de hoje, a nitroglicerina continua sendo utilizada para tratamento de angina. O produto Coro-Nitro é comercializado na forma de *spray*, com jatos que aplicam 0,4 mg por dose. Existem também formulações para aplicação direta sobre a pele, em quantidades maiores de 5 a 10 mg por dose. O *spray* debaixo da língua é eficiente, pois essa região é rica em vasos sanguíneos, fazendo que a absorção seja rápida.

No medicamento para angina, o produto não é chamado de nitroglicerina, mas trinitrato de glicerila, que é um nome que melhor indica a presença de três grupos nitro na molécula. Mas o nome sistemático desse composto, de acordo com as regras da União Internacional de Química Pura e Aplicada (IUPAC), é bem mais complexo e não nos interessa neste livro.

2.4. DO ÓXIDO NÍTRICO AO VIAGRA

Descobriu-se posteriormente que a nitroglicerina e outros compostos contendo os grupos nitrato ($-ONO_2$) e nitrito ($-ONO$) são metabolizados no organismo, produzindo o óxido nítrico (NO), do qual já falamos anteriormente. Esse óxido é formado naturalmente em nosso organismo e participa de muitos processos metabólicos. Entre seus efeitos no corpo, ele causa relaxamento das veias e artérias, de modo que elas dilatam. Com a dilatação dos vasos sanguíneos, o sangue flui com menor resistência, exigindo, desse modo, menos esforço do coração para bombeá-lo para o corpo. O NO também dilata os vasos sanguíneos do próprio músculo cardíaco, aumentando, assim, o suprimento de sangue e oxigênio para esse órgão.

Vamos aqui recordar um pouco mais de Química. O NO é formado por um átomo de nitrogênio, que possui, em sua eletrosfera, cinco elétrons na camada de valência. O elemento oxigênio contém seis elétrons na camada de valência. Assim, a molécula NO apresenta um total de 11 elétrons na camada mais externa. Esse número é ímpar, e, como sabemos, os elétrons ficam emparelhados dois a dois nos orbitais. No caso do NO existe um elétron que fica sozinho em um orbital, ou seja, ele não está emparelhado com outro. Esses compostos que apresentam elétrons desemparelhados são denominados quimicamente de "radicais" ou, como é comum ouvir em diversas mídias, "radicais livres". Esse termo é comum para muitos, mas devemos esclarecer que, por terem um elétron desemparelhado, esses radicais são muito reativos e, portanto, se presentes no nosso organismo, vão reagir com muitas moléculas em nosso corpo, causando diversos problemas. Apesar de ser muito reativo, nosso organismo produz diminutas quantidades desse radical. Isso pode parecer um paradoxo, uma vez que, mesmo sendo tóxico, nosso organismo consegue fazer uso desse tipo de composto de forma benéfica. Um desses usos envolve a produção de NO por macrófagos, que são células do sangue responsáveis por combater bactérias invasoras ou células mutantes. O NO é produzido e injetado nessas células, promovendo sua destruição e, assim, salvaguardando o organismo de seus efeitos deletérios. Como o NO é uma molécula muito pequena, ele pode se difundir livremente para dentro e para fora das células, sendo eliminado rapidamente logo após realizar a função para o qual foi produzido. Todavia, um efeito colateral deletério da produção de NO pode ocorrer quando o organismo é submetido a um forte ataque por bactérias patogênicas. Ao combater a invasão maciça de invasores, o organismo produz quantidade muito grande de NO que, como já dissemos, tem como um de seus efeitos a dilatação de vasos sanguíneos. Essa grande quantidade de NO produzida pode resultar em forte queda da pressão arterial, levando a óbito em alguns casos. Nessas situações, o tratamento envolve a prescrição de medicamentos que inibem a enzima que catalisa a formação de NO e, com isso, a pressão arterial retorna ao normal.

Com esses exemplos, vemos que uma substância como a nitroglicerina, originalmente utilizada para finalidade específica, acabou se transformando em medicamento. Ao mesmo tempo que um composto pode causar a morte, ele também pode salvar vidas. Essa dicotomia está presente não apenas no caso de compostos nitrogenados, mas também é parte de muitos aspectos de nossas vidas. No caso da ciência, muitas vezes uma descoberta é feita visando à solução de um problema, mas inesperadamente, anos depois, percebe-se que essa mesma descoberta acabou resultando na criação de um problema ainda maior. No entanto, além dos episódios de infarto do miocárdio e dos ataques bacterianos, situações em que o óxido nítrico pode ser utilizado para melhorar nosso estado de saúde, esse composto pode ter papel crucial para trazer um pouco de prazer mesmo quando estamos saudáveis. Melhor explicando, não precisamos ser acometidos de doença grave para poder usufruir de muitos outros benefícios do NO.

Um desses benefícios está relacionado ao processo de ereção no homem, em que o NO tem papel central. O processo fisiológico envolvido durante a ereção é complexo, mas sempre depende de um estímulo sexual por meio da visão, tato ou audição, ou mesmo apenas um pensamento. O fato é que, ao ser estimulado, o nosso organismo produz NO nos terminais nervosos das células do corpo cavernoso, que é um tecido esponjoso que forma o órgão sexual masculino. O NO então atua ativando a enzima chamada de guanidina ciclase, que induz a formação da molécula cGMP, cujo nome é monofosfato cíclico de guanosina. O cGMP é um vasodilatador que causa o relaxamento do músculo do órgão sexual e, com isso, o sangue flui em grande quantidade para o interior do corpo cavernoso, resultando na ereção. Enquanto tudo isso acontece, outra enzima, denominada fosfodiesterase-5, atua no sentido de remover o cGMP do meio, embora a velocidade com que essa remoção ocorre seja menor que a velocidade de produção de NO. No entanto, quando o homem fica mais velho, a produção de NO não é capaz de neutralizar os efeitos da fosfodiesterase-5 e, em razão desse fato, ele passa a sofrer do que se chama de disfunção erétil. Para combater essa disfunção e resgatar a autoestima dos homens, seria necessário inibir a fosfodiesterase-5 e, assim, o pouco NO formado naturalmente no corpo seria suficiente para que o cGMP formado exercesse seu papel vasodilatador.

Foi exatamente isso que o time de pesquisadores da empresa farmacêutica Pfizer descobriu na década de 1980, mas esse grupo não estava pesquisando nenhuma droga para resolver os problemas da disfunção erétil. Eles estavam mesmo é procurando um novo composto para o tratamento da angina que, como falamos, era então tratada com nitroglicerina. No entanto, ocorre que outra forma da enzima fosfodiesterase, chamada de fosfodiesterase-3, também atua no processo de vasodilatação, de forma semelhante ao que descrevemos. Ao descobrir que um composto, entre os milhares sintetizados, era eficiente para o tratamento da angina, ele foi então submetido a um teste clínico com homens de mais idade. No decorrer do teste, verificaram-se para esse composto – batizado de Sildenafil –, vários efeitos colaterais, como é comum em muitos medicamentos. Geralmente, os efeitos colaterais tendem a ocorrer em uma fração pequena dos pacientes. No caso do Sildenafil, alguns pacientes apresentaram dor de cabeça (lembra-se do Alfred Nobel com a nitroglicerina?), outros se queixaram de algum tipo de distúrbio visual, enquanto outra parcela apresentou dores musculares. Mas o que chamou a atenção dos pesquisadores foi que todos os pacientes apresentaram forte ereção, mesmo aqueles que há muito tempo não tinham tido esse tipo de sensação. Nesse ponto da pesquisa, as atenções dos cientistas voltaram-se para esse "efeito colateral", do que resultou o Viagra®, o maior sucesso comercial da indústria farmacêutica dos últimos tempos.

Na Figura 2.5 podemos observar as fórmulas do cGMP e do Sildenafil. Assim como o NO, esses dois compostos são também ricos em nitrogênio, representado em três dimensões nas esferas azuis.

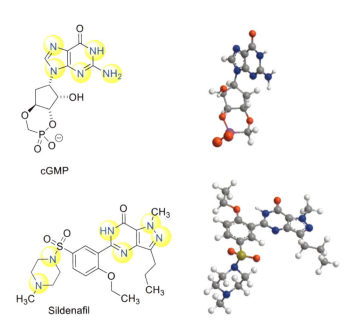

Figura 2.5 – Fórmulas estruturais e tridimensionais do cGMP e do Sildenafil. Os átomos de nitrogênio são destacados em azul, os de oxigênio em vermelho e os de enxofre em amarelo.

Não apenas os seres humanos, mas também diversos outros animais e plantas, são capazes de utilizar compostos nitrogenados como armas de defesa química ou como atrativos sexuais. Para saber um pouco mais sobre esse assunto, veja o Quadro 2.3.

Com essas histórias, mostramos um pouco sobre como o elemento nitrogênio tem papel central em diversos aspectos relacionados à nossa vida e ao nosso bem-estar. Desde a descoberta da fórmula da pólvora, passando pela invenção da nitroglicerina e de outros explosivos nitrogenados, até as recentes descobertas sobre o papel do óxido nítrico em processos fisiológicos, o nitrogênio está presente.

Os pesquisadores do século XVIII, pioneiros nas investigações sobre os gases, não podiam imaginar o avanço a que chegamos mais de dois séculos depois de seus estudos iniciais. Joseph Priestley, que em 1772 descobriu diversos óxidos de nitrogênio como NO, NO_2 e N_2O, ficaria assombrado ao ver que ainda estamos descobrindo novas propriedades e funções desses compostos, tanto do ponto de vista da fisiologia humana quanto dos seus envolvimentos em questões ambientais, conforme mostraremos nos próximos capítulos.

Quadro 2.3 – **Nitrogênio: da adubação orgânica a atrativo sexual para mariposas**[25]

As crotalárias (*Crotolaria* spp) são plantas da família Fabaceae, cujo nome foi atribuído em função do barulho característico de suas vagens secas, que se assemelha ao chocalho de uma cobra cascavel (*Crotalus* sp).[26] As plantas desse gênero são conhecidas pela sua capacidade de fixação do nitrogênio atmosférico, que se dá por meio da associação simbiótica que faz com bactérias conhecidas como rizóbios. Devido a essa propriedade, associada ao rápido crescimento, essas plantas são empregadas como adubo verde, com vistas à redução no consumo de adubos nitrogenados de origem industrial. Elas são geralmente cultivadas em consórcio com outra cultura (p. ex.: milho e quiabo), com a finalidade de melhorar a fertilidade do solo e, consequentemente, a produtividade. No entanto, muito cuidado deve ser tomado durante a colheita, em função da toxicidade de *Crotalaria* spp para gados e humanos. Essa toxicidade se deve à presença de substâncias nitrogenadas, denominadas alcaloides pirrolizidínicos (APs), que são produzidas por essas plantas, utilizando parte do nitrogênio fixado, e armazenadas nas sementes, folhas etc. Esses alcaloides apresentam sabor amargo para humanos e são inibidores da alimentação para diversos vertebrados e invertebrados.[27]

Embora os APs atuem como fagoinibidores para alguns herbívoros, eles também podem atuar como fagoestimulantes para outros, como é o caso da mariposa *Utetheisa ornatrix*, conhecida como mariposa ornamentada, devido à sua coloração aposemática. Seu padrão de coloração faz que ela seja facilmente visualizada por seus predadores, mas ao mesmo tempo serve de proteção, pois alerta seus predadores em potencial que ela é impalatável e tóxica. Essa impalatabilidade decorre do fato de que, ainda no estágio larval, ela geralmente se alimenta de sementes verdes e folhas de diversas espécies de *Crotolaria*, das quais sequestra APs, geralmente na forma de *N*-óxidos. Uma vez ingeridos, os alcaloides são transferidos, durante a metamorfose, para a mariposa adulta, que os acumula em seu organismo. Por ser uma herbívora adaptada aos APs, essa mariposa consegue metabolizá-los e armazená-los na forma atóxica, ficando protegida da maioria de seus predadores, em qualquer estágio de seu ciclo de vida. Além de utilizá-los como defesa química, machos adultos dessa mariposa (*U. ornatrix*) obtêm outras vantagens com o sequestro de APs. Esses machos usam os APs sequestrados de *Crotalaria* spp para produzir o hidroxidanaidal (HD) (Figura 2.6), uma substância volátil que serve de feromônio de atração sexual para seduzir as fêmeas durante o período pré-copulatório. A fêmea geralmente escolhe seu pretendente de acordo com a concentração de HD emitido, em que alta concentração de HD indica elevado teor de APs para ser oferecido à fêmea, como presente nupcial durante o acasalamento. Existem também evidências de que o conteúdo de APs é proporcional ao tamanho do macho. Portanto, esse critério de escolha, além de garantir sua defesa química, assegurará uma vantagem genética às futuras gerações. Durante a copulação, parte do conteúdo de APs do macho é transferida para a fêmea e, somada ao conteúdo de APs da própria fêmea, será transferida para os ovos durante a oviposição. Dessa forma, além de proteger as larvas e os adultos de seus predadores (ex.: aranhas), os APs servem para proteger os ovos de predadores, como besouros coccinelídeos e formigas, bem como do parasitismo por vespas.[28]

Essa relação de *U. ornatrix* com as crotalárias parece ser um caso raro que contraria o dito popular de que não existe almoço grátis. Além de se alimentar da planta, a lagarta ainda obtém como bônus uma defesa química e um atrativo sexual.

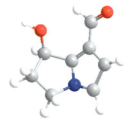

Figura 2.6 – Estrutura do (*R*)-7-hidroxidanaidal mostrando o átomo de **N** em azul e os átomos de **O** em vermelho.

CAPÍTULO 3
A FIXAÇÃO DO NITROGÊNIO

De acordo com o Dicionário Aurélio,[29] fixação é um substantivo feminino que tem muitos significados, entre eles o que corresponde ao ato de fixar ou tornar fixo. Esse termo tem significado específico quando utilizado no contexto da Química. Nesse caso, ele se refere à operação em que "se torna fixo um corpo volátil". Em inglês, a palavra correspondente é "fixation" que, de acordo com o Oxford English Dictionary (OED), corresponde ao "processo de reduzir um espírito volátil ou essência em uma forma corpórea permanente". Segundo G. L. Leigh,[30] a primeira vez que essa palavra foi registrada no OED foi em 1383. Esse termo era utilizado pelos alquimistas com o significado de converter algo volátil em material sólido. Nesse contexto, a fixação é empregada neste capítulo para descrever o processo de conversão do nitrogênio gasoso, que não é absorvido pelas plantas nem por animais, em uma forma sólida ou líquida que pode, então, ser utilizada por esses organismos. Devemos aqui deixar claro que, muito embora empreguemos hoje a palavra fixação com o mesmo significado que os alquimistas do século XIV a utilizavam, eles não tinham conhecimento dos gases como representando um estado da matéria e nem mesmo os sólidos eram considerados como nós hoje os consideramos.

3.1. ALGUNS COMPOSTOS NITROGENADOS ESSENCIAIS À VIDA

Como tudo o que vamos discutir agora depende da clareza do conceito da palavra fixação, tal esclarecimento é essencial. Feito isso, podemos agora reiterar o que dissemos antes, ou seja, todas as formas de vida necessitam de nitrogênio como um dos elementos essenciais que entram em suas constituições. Outros elementos importantes para a formação das moléculas que dão origem aos seres vivos são: carbono (C), hidrogênio

(H), oxigênio (O), enxofre (S) e fósforo (P), presentes nos organismos em maiores quantidades; há diversos outros necessários para a manutenção da vida, embora em menores quantidades. Alguns elementos metálicos como cálcio (Ca), sódio (Na), potássio (K) e ferro (Fe) são também importantes e essenciais. Apenas para ilustrar, a porcentagem em massa dos elementos majoritários em um corpo humano é de aproximadamente 65% de O; 18,5% de C; 9,5% de H; 3,2% de N; 1,0% de P; 0,4% de K; e 0,3% de S, ou seja, o nitrogênio é o quarto elemento mais abundante no nosso corpo. Ele é um dos elementos essenciais para a formação de aminoácidos, que são as unidades básicas geradoras de proteínas. Existem 20 aminoácidos comuns que formam todas as proteínas e as enzimas necessárias ao funcionamento de nossas células, assim como as de todos os outros seres vivos. Os aminoácidos são formados pela união de um grupo amino (-NH$_2$) e de um grupo carboxílico (-CO$_2$H) a um mesmo átomo de carbono (C). Além disso, para completar a tetravalência desse átomo de carbono, a ele ainda se ligam um átomo de hidrogênio (H) e um grupo que denominamos genericamente de −R. O que diferencia um aminoácido do outro é a composição desse grupo R, que, no caso mais simples, é um átomo de hidrogênio. Assim, a fórmula geral de um aminoácido pode ser escrita como ilustrado na Figura 3.1.

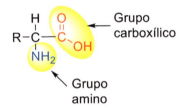

Figura 3.1 – Fórmula geral de um aminoácido. R representa diferentes grupos com composições diferentes para cada aminoácido.

O termo aminoácido é formado pela junção do prefixo "amino" com "ácido". Essa denominação decorre do fato de que esses compostos possuem a unidade −COOH, que representa o grupo funcional típico da classe de compostos orgânicos denominada ácidos carboxílicos. Estes possuem ainda o grupo amino (−NH$_2$), que representa uma função química que caracteriza a classe de compostos denominada aminas. Na formação das proteínas, um grupo −NH$_2$ de um aminoácido se liga ao grupo −COOH de outro, resultando na formação de uma nova ligação C-N, com a correspondente perda de uma molécula de água durante o processo (Figura 3.2). Os dois aminoácidos, agora ligados, formam o que chamamos de dipeptídeo, e a nova ligação C-N formada é denominada "ligação peptídica". Esse dipeptídeo pode se ligar a outros aminoácidos, formando uma cadeia chamada genericamente de polipeptídeos. As proteínas são polipeptídeos com tamanhos muito variados. Existem proteínas relativamente pequenas, como a denominada Citocromo *c* (humano),[31] que é formada por 104 resíduos de aminoácidos, e a Titina (humana),[32] com 26.926 resíduos.[33]

A ilustração esquemática da formação de uma ligação peptídica é apresentada na Figura 3.2.

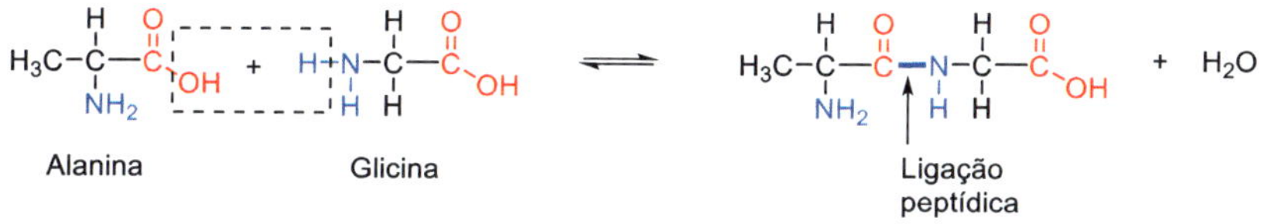

Alanina   Glicina   Ligação peptídica

Figura 3.2 – Representação esquemática da formação de um dipeptídeo a partir dos aminoácidos glicina (R = H) e alanina (R = CH$_3$). Observa-se que nesse processo uma molécula de água (H$_2$O) é eliminada e a ligação C-N é formada. O reverso dessa reação corresponde ao que chamamos de "reação de hidrólise", que resulta na conversão do dipeptídeo nos aminoácidos.

Assim, sem nitrogênio os aminoácidos não seriam formados, e sem estes não teríamos as proteínas e nenhuma forma viva. Para saber um pouco mais sobre os requerimentos proteicos em seres humanos, ver o Quadro 3.1.

O nitrogênio também é elemento essencial na formação de unidades básicas chamadas de bases nitrogenadas, que entram na constituição do ácido desoxirribonucleico (DNA) e do ácido ribonucleico (RNA). Em cada ser vivo, a constituição das moléculas de RNA e DNA varia, mas em todos eles estão presentes quatro bases nitrogenadas, sendo duas denominadas purinas e duas chamadas de pirimidinas. No DNA, as bases purinas são a adenina (A) e a guanina (G), enquanto as pirimidinas são a timina (T) e a citosina (C). No RNA estão presentes a adenina (A), a guanina (G), a citosina (C) e a uracila (U), esta última no lugar da timina (T), existente no DNA.

Essas bases se ligam a uma molécula de carboidrato (também conhecida como açúcar) e a um grupo fosfato (formado pela combinação de um átomo de fósforo e quatro átomos de oxigênio). A união desses três blocos construtores forma uma unidade básica chamada de nucleotídeo. Uma vez sintetizados nos organismos, os nucleotídeos ligam-se, formando moléculas poliméricas, que são o DNA e o RNA. No caso do RNA, o carboidrato é chamado de ribose (de onde vem o R da sigla), e no DNA o carboidrato é a desoxirribose (de onde vem o D da sigla).

Quadro 3.1 – Nitrogênio e saúde humana[34]

O nitrogênio é um elemento químico importante para os seres vivos, sendo essencial para a formação de moléculas orgânicas imprescindíveis à vida, como proteínas e ácidos nucleicos. Os seres humanos requerem, em sua dieta, certa quantidade diária de proteínas, de boa qualidade. Estas são essenciais para a manutenção da integridade estrutural e funcional das células, participando da síntese de hormônios, enzimas, vitaminas, citocinas, neurotransmissores, sais biliares etc. Além disso, muitas proteínas participam da resposta imune, da contração muscular, do transporte de diversas substâncias, do crescimento, da cicatrização e da produção de energia.

As proteínas constituem-se em macronutriente essencial para o organismo, sendo o mais abundante nas células do corpo humano. O peso total de um adulto é constituído por aproximadamente 16% de proteínas, sendo 43% desse total proteínas musculares. Todas as proteínas apresentam em suas estruturas os elementos carbono, hidrogênio, oxigênio e nitrogênio, e algumas contêm enxofre, fósforo, ferro, cobalto ou outros metais. Os alimentos de origem vegetal possuem aproximadamente de 15% a 19% de proteínas, enquanto os de origem animal, um teor médio de 16%. A determinação do teor de proteínas de um alimento é feita de maneira indireta. Para isso, considera-se que, em média, as proteínas possuem 16% de nitrogênio. Assim, ao quantificar o nitrogênio, multiplica-se o resultado por 6,25 (o fator de conversão usado no cálculo) e obtém o teor de proteínas. Para essa análise, emprega-se o chamado método de Kjeldahl, em que a amostra é digerida e todo o nitrogênio convertido em amônia, que é capturada e quantificada.

As proteínas presentes nos alimentos para serem utilizadas pelos animais devem passar pelos processos de digestão e absorção, disponibilizando-se os aminoácidos para o processo metabólico. A digestão das proteínas tem início no estômago, sob a ação da pepsina, e continua no intestino delgado sob a ação das proteases pancreáticas. A absorção dos aminoácidos é rápida e acontece no duodeno e no jejuno. Após a absorção, os aminoácidos são utilizados para a síntese de outros aminoácidos ou proteínas, ou sofrem degradação e reutilização. Durante o catabolismo dos aminoácidos que ocorre no fígado, o nitrogênio é liberado na forma de amônia (NH_3), que é convertida em ureia, sendo esta excretada na urina.

Alguns aminoácidos como isoleucina, leucina, lisina etc. não são sintetizados no nosso organismo, devendo ser fornecidos pela alimentação. Esses aminoácidos são denominados essenciais. As principais fontes alimentares de proteínas de alto valor biológico incluem carnes, ovos, leite e derivados. Proteínas dessas fontes apresentam todos os aminoácidos essenciais em quantidades balanceadas. Entretanto, alimentos vegetais como soja, feijão, arroz, milho, trigo, entre outros, fornecem proteínas de baixo valor biológico, por apresentarem deficiência em um ou mais aminoácidos essenciais. Assim, é importante que em nossa dieta todos os nutrientes necessários para o bom funcionamento de nosso corpo estejam presentes. Para isso, é fundamental que tenhamos uma dieta completa e equilibrada, formada por fontes diversas de proteínas e outros nutrientes.

Enfim, essas moléculas são essenciais para a codificação das proteínas e o DNA é o transmissor das características genéticas de um organismo aos seus descendentes.

Como pode ser observado na Figura 3.3, existem de dois a cinco átomos de nitrogênio nas estruturas das bases nitrogenadas. Esses átomos de nitrogênio têm ainda papel essencial, por exemplo, na manutenção da estrutura do DNA na forma de "dupla hélice", por meio da formação de ligações de hidrogênio, bem como no processo de replicação deste.

Em resumo, sem nitrogênio não teríamos as bases nitrogenadas e, consequentemente, nem o DNA nem o RNA existiriam, ou seja, as características genéticas não seriam passadas de uma geração para outra e a manutenção da vida não estaria garantida.

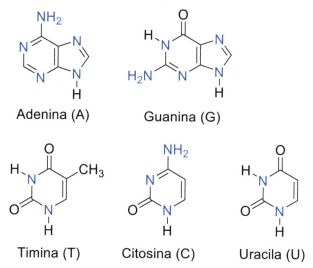

Figura 3.3 – Fórmulas estruturais das bases nitrogenadas formadoras do DNA e do RNA. Os átomos de nitrogênio são destacados em azul.

Mencionamos apenas essas duas classes de compostos (proteínas e ácidos nucleicos), uma vez que o leitor certamente já ouviu, em algum momento, sobre a existência delas e a sua importância. Aproveitamos também para esclarecer um pouco a respeito de suas estruturas, pois assim fica evidente para o leitor que o nitrogênio é mesmo essencial para a formação desses compostos e, portanto, para a vida. Devemos ainda esclarecer que o nitrogênio está presente em muitas outras moléculas biológicas, essenciais para o funcionamento perfeito dos organismos.

3.2. FONTES NATURAIS DE NITROGÊNIO FIXADO

Passemos agora ao tema central deste capítulo. Se o nitrogênio é tão essencial para a vida, então como ele veio a ser incorporado ao nosso organismo se não somos capazes de utilizá-lo na forma gasosa (N_2), que é abundante na atmosfera? Já dissemos que inspiramos e expiramos o ar e, ao fazer isso, o oxigênio é utilizado por nosso organismo e expelimos o dióxido de carbono. Entretanto, o nitrogênio que inspiramos é todo expelido, sem participar de qualquer processo metabólico. É em função disso que o processo de fixação é tão importante para nós e para todos os outros animais, ou seja, durante a fixação o N_2 da atmosfera é convertido em amônia (NH_3) ou em óxidos de nitrogênio (NO e NO_2). Esses óxidos são finalmente convertidos em nitrato (NO_3^-) e nitrito (NO_2^-) que, juntando-se à amônia, são absorvidos pelas plantas e convertidos em aminoácidos e bases nitrogenadas, além de outros compostos que nosso organismo pode utilizar.

O nitrogênio pode ser fixado naturalmente por descargas elétricas durante as tempestades. Com as altas temperaturas dos raios, o N_2 e o O_2 reagem formando uma mistura de NO (óxido nítrico) e NO_2 (dióxido de nitrogênio). Vamos nos referir a esses compostos genericamente como NOx, os quais reagem com a água da atmosfera e se transformam nos ácidos nitroso (HNO_2) e nítrico (HNO_3). Esses ácidos são carreados a partir da atmosfera pelas chuvas, que chamamos de chuvas ácidas, que podem causar impactos ambientais. Entretanto, esse nitrogênio, ao atingir os solos e cursos d'água, se transforma em fonte de N para as plantas.

As estimativas da quantidade de nitrogênio fixada por raios na forma de óxidos variam muito na literatura, em razão das dificuldades de realização de medidas e das metodologias empregadas nas pesquisas. Para se ter uma ideia, essa quantidade é da ordem de 7×10^6 toneladas de nitrogênio por ano.[35] Embora pareça grande, essa quantidade de nitrogênio não é suficiente para manter o crescimento de todas as espécies vivas no planeta. Felizmente, no entanto, a organização do universo é muito mais complexa e surpreendente que possamos imaginar. Um pouco da beleza e da complexidade desse sistema começou a ser desvendado em 1888, quando os cientistas alemães Hermann Hellriegel (1831-1895) e Hermann Wilfarth (1853-1904) descobriram que plantas da família das leguminosas – feijão, soja, amendoim, trevo e alfafa – são capazes de fixar o nitrogênio atmosférico, convertendo-o nos diversos compostos nitrogenados necessários ao seu crescimento. O que esses cientistas verificaram foi que os nódulos presentes nas raízes das leguminosas, já conhecidos desde o final do século XVII, são os verdadeiros responsáveis pelo processo de fixação. Nesses nódulos foi posteriormente identificada uma bactéria, classificada como do gênero *Rhizobium* (do grego *rhiza* = raiz; e *bios* = vida). São essas bactérias que fixam o nitrogênio e o convertem na amônia que entra em seu metabolismo, quando é transformada em compostos nitrogenados, como glutamina e derivados da ureia. Esses compostos são, então, fornecidos para as plantas em troca por outras substâncias orgânicas derivadas do processo de fotossíntese. Essa troca, que beneficia as duas espécies (bactérias e plantas), é chamada em Biologia de mutualismo. Posteriormente, foi descoberto que grande quantidade de espécies diferentes e alguns fungos efetuam a fixação do nitrogênio não apenas em plantas das famílias das leguminosas, mas também de gramíneas, como cana-de-açúcar e milho.

Esse processo natural é denominado "fixação biológica de nitrogênio" (FBN), e estima-se que ele seja responsável pela fixação de aproximadamente 200×10^6 toneladas de nitrogênio por ano em todo o planeta.

Com essas duas formas naturais de fixação de nitrogênio, diversas formas de vida se desenvolveram no planeta, incluindo o homem. Entretanto, essas fontes têm capacidade limitada de fornecimento de nitrogênio e, sozinhas, não seriam capazes de sustentar a crescente população humana, que hoje ultrapassa os 7,6 bilhões.[36] O homem descobriu que era necessário fornecer às culturas uma fonte adicional de nitrogênio, e isso era feito por meio da adubação com esterco de origem animal e outros meios naturais, como a rotação de culturas. Todavia, mesmo utilizando da melhor forma possível os recursos naturais, um hectare de área cultivada era capaz de sustentar aproximadamente 10 seres humanos apenas, considerando-se que eles sobreviviam com uma dieta vegetariana.

Os pesquisadores do século XIX começaram a procurar por novas fontes naturais de nitrogênio para uso na agricultura. Foi, então, que em 1804 o grande explorador natural Alexander von Humboldt (1769-1859), em suas viagens pelo continente americano, recolheu uma amostra de guano no Peru e a enviou à Europa, para análise. Foi verificado que essa amostra era rica em nitrogênio, além de conter alto teor de fósforo, outro elemento essencial para a agricultura.

O guano na verdade é um material resultante da decomposição das fezes de aves marítimas que se alimentam de sardinhas que, em determinadas épocas do ano, se concentram em algumas ilhas no Pacífico, na costa do Peru. Essas aves vão até essas ilhas para acasalar e fazer seus ninhos. Ao longo dos séculos, esses rejeitos se acumularam formando depósitos de várias dezenas de metros de profundidade. O guano já era utilizado pelos incas para fertilização do solo para o cultivo. As autoridades da época decidiam quem poderia utilizar o produto e a quantidade a ser retirada. Era expressamente proibido retirar o guano durante o período em que as aves vinham para as ilhas fazer seus ninhos. A desobediência a essa regra resultava em pena de morte ao contraventor.[37]

Com essa descoberta, o guano passou, então, a ser explorado em larga escala por comerciantes dos Estados Unidos e da Europa. A Inglaterra começou a importar o produto em 1820, e em 1858 a importação de guano chegou a 300.000 toneladas por ano. Enquanto isso, os Estados Unidos, nessa mesma época, importavam 175.000 toneladas. Em 1869, o governo francês comprou dois milhões de toneladas de guano em troca de direitos exclusivos da comercialização mundial do produto. O governo peruano lucrou muito com o comércio do guano, mas em 1885 seus depósitos já estavam praticamente exauridos.

Ainda na primeira metade do século XIX, outra fonte de nitrato já era explorada também na América Latina. No ano 1830, um grande carregamento de nitrato de sódio – conhecido hoje como salitre do chile – deixou o porto na Província de Tarapacá, então pertencente ao Peru. Com o declínio das reservas de guano no final do século XIX, os interesses dos comerciantes americanos e europeus se voltaram para o salitre. Nesse século houve disputas entre Peru, Chile e Bolívia pelas fontes de salitre, o que resultou em diversos conflitos armados entre esses países. A última guerra ocorreu em 1879, hoje conhecida como "A Guerra do Pacífico", o que culminou com as alterações das fronteiras, resultando no avanço do Chile para o norte e a perda pela Bolívia dos territórios que tinha até a costa do Pacífico. O Peru também perdeu grande parte de seu território. Assim, o que hoje conhecemos como "salitre do chile" era originalmente obtido, em parte, de territórios pertencentes ao Peru e à Bolívia, mas cuja extração era monopolizada por companhias chilenas, com o apoio dos ingleses.

O salitre era estratégico para os Estados Unidos e para as nações europeias não apenas como insumo para a agricultura, mas também para a produção de pólvora. O salitre do chile foi essencial para manter muitas guerras na Europa durante várias décadas.

As reservas de guano e de salitre trouxeram riquezas para os países exportadores, mas também foram o estopim de muitos conflitos locais na América do Sul, resultando na alteração de fronteiras no Hemisfério

Sul. Muitos comerciantes europeus e americanos também fizeram fortunas com os lucros das importações, mas tudo isso teve também o lado sombrio, testemunhado pelas muitas vítimas que sucumbiram diante do poder da pólvora preparada com os nitratos oriundos da América do Sul. No entanto, o lado positivo foi que esse suprimento natural de nitrogênio serviu para impulsionar a produção agrícola nos Estados Unidos e na Europa, afastando o fantasma da fome por algum tempo.

Apesar do sucesso na agricultura advindo do comércio do guano e do salitre, em 1898 William Crookes (1832-1919), então presidente da Associação Britânica para o Progresso da Ciência (British Association for the Advancement of Science), fez um discurso na reunião anual dessa associação: "A fixação do nitrogênio é vital para o progresso da humanidade civilizada e, a menos que possamos classificá-lo entre as certezas que se concretizarão, a grande raça caucasiana deixará de ser a principal do mundo...".[38]

Por ser, na época, um dos homens mais influentes no meio científico, o discurso de Crookes teve muita repercussão, e a atenção de diversos pesquisadores voltou-se para o desenvolvimento de métodos de fixação do nitrogênio. Dos métodos desde então desenvolvidos, o que é hoje empregado em grande escala é o chamado "Processo Haber-Bosch", que corresponde à produção de amônia pela reação do nitrogênio gasoso com o hidrogênio.

3.3. A FIXAÇÃO INDUSTRIAL DO NITROGÊNIO

A palestra proferida em 1898 por William Crookes teve grande repercussão nos meios acadêmico e industrial, propulsionando diversas pesquisas no sentido de obter novas fontes de nitrogênio que pudessem ser empregadas na agricultura e também na fabricação de explosivos.

Os processos de fixação de nitrogênio poderiam envolver a oxidação do gás N_2 em ácido nítrico ou a sua redução em amônia. Um dos três mais importantes processos comerciais que merece menção envolve a reação de nitrogênio com o oxigênio (oxidação), ambos na fase gasosa, com consequente formação de ácido nítrico. A reação é promovida por uma descarga elétrica, e o processo é conhecido como "arco elétrico norueguês", ou "Birkeland-Eyde".

O processo baseia-se na conhecida reação de N_2 com O_2, que ocorre durante as tempestades, conforme já comentado. Essa reação foi inicialmente estudada por Joseph Priestley em 1775, embora ele não tenha conseguido entender completamente os detalhes do experimento que realizou. Coube a Henry Cavendish mostrar que a reação resulta na formação de dióxido de nitrogênio que, finalmente, é convertido em nitrato de potássio. Embora Cavendish tenha realizado seus experimentos no final do século XVIII, não havia naquela época nenhum interesse em se desenvolver isso em escala industrial. Mas, ainda na metade do século XIX, uma patente para a produção de ácido nítrico por esse processo foi registrada na Inglaterra e na França, mas sem qualquer aplicação industrial.

Mas foi um fortuito encontro em um jantar, a convite de um amigo comum, que colocou cara a cara o professor de Física Kristian Birkeland com o engenheiro e empreendedor Sam Eyde. Sem entrar em detalhes sobre esta história,[39] basta dizer que durante o jantar Birkeland comentou sobre seu novo invento, que consistia em um "canhão elétrico ou magnético". Eyde, que já tinha interesse e estava investindo na área de produção de energia elétrica, viu logo a oportunidade de desenvolver um negócio para a fixação de nitrogênio empregando o invento de Birkeland. Eyde tinha conhecimento da palestra de Crookes e sabia da importância estratégica da fixação de nitrogênio. O jantar ocorreu em 13 de fevereiro de 1903, e em 20 de fevereiro desse mesmo ano, em apenas uma semana, os dois entraram com um pedido de registro de patente para o novo processo.

Com o "canhão", ou forno elétrico de Birkeland,[40] era possível promover a reação conforme a equação 5.

$$N_2 + O_2 \underset{\sim 3000\ °C}{\rightleftharpoons} 2NO \qquad (5)$$

Essa reação envolve um equilíbrio e requer temperatura da ordem de 3.000 °C, de modo que na temperatura ambiente ele não ocorre. Esse equilíbrio significa que o NO pode também se decompor em nitrogênio e oxigênio. Para a produção de ácido nítrico, o NO deve ser oxidado a NO_2 antes que se decomponha. Essa reação ocorre em temperatura mais baixa, da ordem de 600 °C, de acordo com a equação 6.

$$2NO + O_2 \underset{\sim 600\ °C}{\rightleftharpoons} 2NO_2 \qquad (6)$$

Portanto, a construção de uma unidade industrial envolvia muitos desafios do ponto de vista prático, pois era necessário que a primeira oxidação fosse realizada em temperatura muito alta e o gás resultante fosse resfriado, para evitar sua decomposição e posterior oxidação a NO_2. O dióxido de nitrogênio era então convertido no ácido nítrico pela reação com a água, conforme as reações mostradas nas equações 7 e 8.

$$2\,NO_2 + H_2O \longrightarrow HNO_2 + HNO_3 \quad (7)$$

$$3\,HNO_3 \longrightarrow HNO_2 + 2\,NO + H_2O \quad (8)$$

A soma das reações (6-8) pode ser resumida como na equação 9.

$$4\,NO_2 + 3\,O_2 + 2\,H_2O \longrightarrow 4\,HNO_3 \quad (9)$$

O empreendimento foi desenvolvido com grande rapidez, e em 1904 uma fábrica-teste foi construída em Notodden. Enquanto Birkeland trabalhava para resolver os problemas técnicos do processo, Eyde negociava com investidores para financiar o projeto. Depois de resolvidos todos os problemas técnicos, outra fábrica em Rjukan (Noruega) foi instalada, bem como em outros países. Na Noruega, as fábricas chegaram a produzir 100 toneladas de ácido nítrico por dia. Apesar do sucesso do empreendimento, em 1934 essas fábricas foram desativadas em razão do desenvolvimento de processos mais competitivos economicamente.

Outro investimento industrial de sucesso na área de fixação de nitrogênio é o "Processo Cianamida" ou "Processo Frank-Caro". Nesse processo, o nitrogênio é fixado na forma de cianamida de cálcio ($CaCN_2$), por meio da reação entre carbeto de cálcio – conhecido como carbureto de cálcio (CaC_2) – e nitrogênio gasoso. Essa reação requer alta temperatura (em torno de 1.000 °C) e, portanto, deve ser realizada em forno elétrico, com dispêndio de energia bastante elevado.

$$CaC_2 + 2\,N_2 \xrightarrow{\sim 1000\,°C} 2\,CaCN_2 + C \quad (10)$$

O carbeto de cálcio necessário é formado pela reação de óxido de cálcio (CaO) com carvão (C) em alta temperatura (>1.000 °C), também em um forno elétrico e com alto consumo de energia (eq. 11). O CaO é, por sua vez, obtido pela calcinação de carbonato de cálcio (eq. 12). A reação da cianamida de cálcio com água produz amônia e carbonato de cálcio (eq. 13).

$$CaO + 3\,C \xrightarrow{\sim 1100\,°C} CaC_2 + CO \quad (11)$$

$$CaCO_3 \xrightarrow{\sim 1100\,°C} CaO + CO_2 \quad (12)$$

$$CaCN_2 + 3\,H_2O \longrightarrow 2\,CaCO_3 + 2\,NH_3 \quad (13)$$

Como em diversos empreendimentos industriais, as bases científicas para o desenvolvimento do processo cianamida eram conhecidas há muito tempo. A implantação industrial desse processo também envolveu uma longa história, mas o fato mais relevante foi a descoberta de Adolph Frank (1834-1916) e Nikodem Caro (1871-1935), que, em 1899, verificaram que o carbeto de bário, quando aquecido com nitrogênio gasoso, produz uma mistura de cianeto de bário ($Ba(CN)_2$) e cianamida de bário ($BaCN_2$). Esses cientistas patentearam o processo e, ao que parece, o interesse inicial era na produção de cianeto de bário e não de cianamida, que era na verdade um subproduto da reação que deveria ter sua formação minimizada. Posteriormente, descobriu-se que a mesma reação acontece com carbeto de cálcio, nas mesmas condições observadas para o carbeto de bário, resultando na formação de cianamida de cálcio ($CaCN_2$). Foi em 1900 que se descobriu que a cianamida de cálcio pode ser convertida em amônia ao ser tratada com vapor de água aquecido. Essa descoberta abriu caminho para a produção de amônia gasosa e, mesmo, para a comercialização da cianamida de cálcio diretamente como fertilizante, que libera amônia por hidrólise direta no solo.

A primeira fábrica empregando o processo Frank-Caro foi instalada em 1905 na Itália, na cidade de Piano d'Orta. Em 1908, outra fábrica foi estabelecida na Alemanha, em Odda, que chegou a produzir 12.000 toneladas de cianamida de cálcio em 1909. Muitas outras fábricas foram instaladas em outros países, e no início da Primeira Grande Guerra, em 1914, a cianamida chegou a ser a principal fonte industrial de nitrogênio "fixado". Esse processo se tornou um empreendimento industrial de tamanho sucesso que a fábrica em Odda terminou sua produção apenas em 2002.

O processo industrial de fixação de nitrogênio mais conhecido é o chamado "Haber-Bosch".[41] Consiste na reação de nitrogênio e hidrogênio gasosos, que ocorre sob alta pressão e elevada temperatura, na presença de um catalisador metálico (eq. 14).

$$N_2 + 3\,H_2 \underset{}{\overset{cat}{\rightleftharpoons}} 2NH_3 \qquad (14)$$

Olhando para a equação 14, vemos que um mol de nitrogênio reage com três mols de hidrogênio e produz 2 mols de amônia. As setas nos dois sentidos, como já explicamos, significa que a reação ocorre no sentido de formação da amônia, mas também a amônia se decompõe em nitrogênio e hidrogênio.

Observando essa equação, o processo parece ser relativamente simples e seu desenvolvimento em nível industrial implicou a construção de equipamentos específicos para suportar altas pressões e temperaturas, bem como a descoberta de um catalisador que fosse eficiente em promover a reação, permitindo a obtenção de amônia com bons rendimentos. Uma vez encontradas as condições de realização da reação em laboratório, a transposição do processo para uma escala gigantesca, em nível industrial, constituiu outra etapa desse desafio, a qual foi realizada com sucesso.

Um dos nomes associados a esse processo se refere a Fritz Haber (1868-1934), à época professor de Físico-Química na Universidade Técnica de Karlsruhe, na Alemanha. Haber teve formação inicial em Química Orgânica, mas acabou se especializando e se dedicando à pesquisa de reações eletroquímicas e da termodinâmica de reações em fase gasosa. Quando ele se envolveu nos estudos que resultaram no desenvolvimento do processo para a síntese da amônia a partir de nitrogênio e hidrogênio gasosos, ele já havia publicado diversos trabalhos sobre termodinâmica e eletroquímica. Sua vida foi marcada por grande sucesso com o desenvolvimento do método da síntese de amônia e por diversos outros trabalhos que realizou, mas foi também marcada por momentos difíceis e tragédias. Com o início da Primeira Grande Guerra, Haber foi chamado a colaborar com os esforços da guerra, assessorando o exército alemão sobre questões relativas à química das matérias-primas empregadas na indústria bélica. Outros químicos importantes da Alemanha também estavam a serviço do seu exército, assim como químicos de outros países tiveram papel central no desenvolvimento de produtos químicos necessários para a defesa e ataque dos exércitos de seus países. Mas foi Haber quem planejou e comandou o primeiro ataque químico com gás cloro durante a batalha de Ypres (Bélgica), em 22 de abril de 1915. Em uma frente de batalha de vários quilômetros, ele coordenou a abertura de milhares de cilindros contendo cloro em direção às trincheiras onde se encontravam as tropas francesas. Esse foi o início de uma série de ataques com armas químicas que ocorreu durante a guerra. Poucos dias após esse ataque, sua esposa, que não concordava com suas ações na guerra, cometeu suicídio com a arma do próprio Haber, que era então capitão do exército alemão. Apesar de ter sido considerado criminoso de guerra logo após o término do conflito, Haber foi agraciado com o Prêmio Nobel de Química (1918) pelo desenvolvimento do processo de síntese da amônia, haja vista o grande impacto que esse processo teve, e tem, sobre a agricultura.

Outro pesquisador responsável pelo desenvolvimento do processo Haber-Bosh é Carl Bosch (1874-1940), doutor em Química Orgânica e com formação também em Engenharia Mecânica e Metalúrgica. Quando se iniciaram os estudos para converter o processo desenvolvido por Haber para escala industrial, Bosch era ainda muito jovem e trabalhava para a empresa alemã BASF. Bosch teve longa carreira na indústria, alcançando grande prestígio nos meios industrial e acadêmico. Em 1931, ele dividiu com Friedrich Karl Rudolf Bergius (1884-1949) o Prêmio Nobel de Química pelos seus trabalhos de síntese química sob alta pressão em escala industrial.

Nessa história de sucesso da síntese da amônia, que talvez possa ser considerada um dos mais importantes inventos do século XX, o nome menos conhecido é o do químico inglês Robert Le Rossignol (1884-1976). Seu nome não entrou na patente que descreve o método de síntese da amônia, e ele também não recebeu o Prêmio Nobel por suas contribuições. Tampouco seu nome aparece nos livros de Química que descrevem o método de conversão de nitrogênio gasoso em amônia. Todavia, sua participação em toda a história da síntese da amônia foi fundamental para o sucesso do projeto. Isso tudo aconteceu por coincidências da vida que fizeram que os caminhos de Le Rossignol e Haber se cruzassem em 1906 na Universidade de Karlsruhe. Na tentativa de resgatar para a história o nome de Le Rossignol, Deri Sheppard analisou documentos originais da época, bem como entrevistas feitas com Le Rossignol em 1976, poucos dias antes de seu falecimento.[42]

Le Rossignol formou-se em Química pela University College London (UCL) em 1905. Durante seu período na UCL, ele teve a oportunidade de estudar disciplinas de Engenharia em razão de seu interesse por Mecânica. Essa bagagem em Química e Engenharia mais as suas habilidades pessoais para a construção de equipamentos mecânicos foram fundamentais para a contribuição que ele veio dar a todo o desenvolvimento do processo de síntese da amônia. Ao passar férias na Suíça, ele encontrou um amigo que lhe falou muito bem de Haber. A partir dessa conversa, não tardou até que Le Rossignol, à época com apenas 22 anos, fosse para Karlsruhe trabalhar como assistente de Haber.

O envolvimento do próprio Haber com a síntese da amônia começou quando, provavelmente em 1903, ele foi chamado pelos irmãos Otto e Robbert Margulie para prestar consultoria técnica à empresa Österreichische Chemische Werke, com sede em Viena (Áustria). Eles estavam interessados em saber de Haber sobre a possibilidade de utilização de um catalisador para promover a conversão de uma mistura de nitrogênio e hidrogênio em amônia. Com o suporte financeiro da empresa austríaca, Haber colocou seu estudante Gabriel van Oordt para realizar os experimentos de síntese da amônia no verão de 1904. Haber tinha conhecimento dos trabalhos de William Ramsay sobre a decomposição da amônia (inverso da eq. 14) em nitrogênio e hidrogênio. Com todas as informações disponíveis, seu estudante realizou experimentos de síntese da amônia a 1.020 °C, empregando um catalisador de ferro e a mistura de gases sob pressão atmosférica. O rendimento da amônia obtida nessas condições foi na faixa de 0,005-0,012%. Esses resultados foram então publicados em 1905, mas, como acontece ainda nos dias de hoje, Haber resolveu publicar apenas os achados referentes aos mais altos (ainda desprezíveis) rendimentos (0,012%). Aparentemente não há nada de errado nisso, uma vez que, quando realizamos vários experimentos, existem erros associados às medidas feitas e, em geral, há uma tendência de se escolherem os melhores resultados. É claro que essa escolha deve ser feita utilizando critérios científicos rígidos e não se basear em preferências aleatórias para mascarar resultados negativos e insatisfatórios. O fato é que a escolha de Haber de publicar o valor de 0,012% chamou a atenção de Walther Hermann Nernst (1864-1941), outro químico influente da época. Nernst escreveu para Haber questionando seus resultados. Foi nessa época que Le Rossignol havia chegado a Karlsruhe e Haber solicitou a ele que repetisse os experimentos de síntese da amônia.

A partir desse momento, Le Rossignol procedeu a dezenas de experimentos. Para isso, ele utilizou seus conhecimentos de Mecânica e habilidades manuais e construiu um aparelho que lhe permitiu realizar experimentos com uma mistura de hidrogênio e nitrogênio a altas temperaturas (variáveis) e pressão de até 200 atmosferas (20 MPa). Utilizou ainda catalisadores de ferro e de manganês. Ao longo do processo, Le Rossignol construiu também uma válvula para controlar a pressão dos gases, o que lhe permitiu obter resultados mais precisos e mais confiáveis do que qualquer outro obtido previamente. Ele havia observado que nos experimentos realizados no laboratório do próprio Nernst eram empregados arranjos simples e que apresentavam diversos problemas, como difusão dos gases nos tubos de reação, dificuldades com impurezas, formação de um filme na superfície do catalisador e resíduos de CO_2 nos gases utilizados. Com os novos resultados, Haber pôde finalmente mostrar para Nernst que ele era capaz de realizar pesquisas de forma competente e confiável.

Esse episódio de ter sido questionado por Nernst resultou certa indisposição entre esses dois grandes pesquisadores que durou por muito tempo. É impossível voltar ao tempo e reescrever a história, mas, se Haber não tivesse sido questionado por Nernst, talvez ele não mais teria trabalhado com a síntese da amônia, uma vez que ele estava focado em outro projeto de oxidação de nitrogênio com a BASF. A história da síntese de amônia poderia ter sido outra completamente diferente. Mas o certo é que, ao ver os resultados obtidos por Le Rossignol, bem como o equipamento que ele construiu, Haber viu logo que esses achados tinham potencial para serem desenvolvidos industrialmente. Haber, então, conseguiu apoio da BASF, que patrocinou o projeto com uma vultosa soma de recursos para pagar um bom salário a Le Rossignol. Como Haber considerava Le Rossignol indispensável para o sucesso do projeto de converter o experimento feito em laboratório em um processo tecnicamente factível de ser realizado industrialmente, e patenteável, eles fizeram um acordo em 1908, em que Haber se comprometia a pagar a Le Rossignol 40% de seus lucros futuros com a patente que ele registraria em seu nome. Haber cumpriu sua promessa, e Le Rossignol, ao morrer, era um homem rico. Esse acordo mostra o reconhecimento que Haber tinha sobre a competência de Le Rossignol e quanto ele foi a peça fundamental durante todo o desenvolvimento da tecnologia de conversão de nitrogênio gasoso em amônia.

Feita essa longa, porém ainda resumida, descrição da contribuição de Le Rossignol na história da fixação de nitrogênio gasoso, voltemos agora a outra questão importante, que era a obtenção dos gases de síntese (nitrogênio e hidrogênio) em larga escala e com a pureza necessária para a reação.

O nitrogênio era obtido pela liquefação do ar comum, como falamos anteriormente. Essa tecnologia já era disponível na primeira década do século XX. Quanto ao hidrogênio, este era obtido por meio da reação de vapor de água com carvão, em alta temperatura (eqs. 15 e 16).

$$C + H_2O \longrightarrow CO + H_2 \qquad (15)$$

$$C + 2\,H_2O \longrightarrow CO_2 + 2\,H_2 \qquad (16)$$

A reação é realizada passando vapor de água sobre carvão (que é aqui representado como carbono C) aquecido ao rubro. Ambas as reações ocorrem com absorção de calor, sendo o carbono oxidado a CO e CO_2, e o hidrogênio da água reduzido a H_2. O monóxido de carbono formado é subsequentemente removido pela reação com água, conforme a equação 17.

$$CO + H_2O \longrightarrow CO_2 + H_2 \qquad (17)$$

Tal processo é conhecido como "reação de deslocamento água-gás" e foi descoberto em 1780 pelo médico italiano Felice Fontana (1730-1805). Esse é mais um exemplo de uma reação descoberta sem a pretensão de qualquer uso e que veio a ter aplicação industrial de grande relevância mais de um século depois.

Com isso, a mistura resultante da reação é então passada através da água, sob pressão, de modo que o dióxido de carbono se dissolve na água, deixando o hidrogênio puro para ser posteriormente utilizado.

Após muitos anos, essa fonte de hidrogênio foi substituída pelo gás natural, constituído essencialmente por metano (CH_4), conforme a equação 18.

$$CH_4 + H_2O \rightleftharpoons CO + 3H_2 \qquad (18)$$

Nessa reação, o metano reage com a água, gerando hidrogênio e monóxido de carbono. Este último passa pelo mesmo processo de reação de deslocamento água-gás (eq. 17) para ser eliminado.

Além dos personagens mencionados neste texto, muitos outros pesquisadores e trabalhadores contribuíram para que o processo industrial fosse definitivamente implantado com sucesso. Nesse sentido, outro item de fundamental importância foi a descoberta de um catalisador eficiente e disponível para ser empregado na indústria. Nos trabalhos iniciais de Haber e de Le Rossignol, eles descreveram que os melhores catalisadores eram à base dos elementos ósmio e urânio, além de a reação funcionar com ferro. Na implantação do processo industrial coube ao químico Alwin Mittasch (1889-1953), assistente de Bosch na BASF, descobrir o melhor catalisador. Para isso, ele realizou milhares de experimentos, durante vários anos. Desde o início de seu trabalho no projeto até o ano 1922, ele havia feito mais de 20.000 experimentos com aproximadamente 4.000 amostras de catalisadores. Esses números mostram pequena parte do grande esforço e persistência que foi a implantação de um dos mais importantes processos industriais do século XX. Esse sistema passou por contínuos aprimoramentos ao longo das décadas, teve sua eficiência energética melhorada e foi implantado em diversos países. Para se ter uma ideia da eficiência desse sistema, o custo energético para a produção de um quilograma de NH_3 é de 26 MJ, enquanto o valor ideal é de 20,9 MJ.

O processo Haber-Bosch é de todos os métodos de fixação de nitrogênio o de maior sucesso. Nos dias de hoje, estima-se que aproximadamente 160 milhões de toneladas de amônia sejam produzidas anualmente. A maior parte dessa amônia é convertida em ácido nítrico e depois em nitrato, especialmente na forma de nitrato de amônio, que é utilizado como fertilizante na agricultura. A amônia é também empregada na síntese da ureia, outro importante fertilizante agrícola. Hoje o método faz uso de um catalisador à base de ferro, sendo o sistema operado em temperaturas de 400-600 °C e pressões na faixa de 20-40 MPa. Embora os dados sejam variáveis, estima-se que aproximadamente 1% de toda a energia gerada no mundo seja consumida no processo de produção de fertilizantes nitrogenados pelo processo Haber-Bosch. Isso representa uma quantidade extremamente grande, e impressionante, para uma única atividade humana.

3.4. FIXAÇÃO BIOLÓGICA DO NITROGÊNIO

Muito antes do advento dos métodos industriais de fixação de nitrogênio, a natureza já havia evoluído no sentido de proporcionar a todos os organismos vivos o nitrogênio na forma necessária para ser absorvido. Estima-se que de todo o nitrogênio da Terra apenas em torno de 0,0007% esteja, em algum momento, disponível na forma que nós chamamos de "nitrogênio fixado". Todo o restante se encontra na forma de nitrogênio molecular (N_2), que, como amplamente relatamos, é muito pouco reativo. Além dos raios, fogos e erupções vulcânicas que são capazes de fixar certa quantidade de nitrogênio, o mecanismo mais comum de conversão do nitrogênio gasoso é realizado por diversas espécies de microrganismos. Esse processo é muito mais comum do que os cientistas poderiam imaginar, sendo conhecido genericamente como "fixação biológica de nitrogênio" (FBN). Foram muitas décadas de investigação para que pudéssemos compreender um pouco desse mecanismo complexo que envolve a transformação do N_2 em NH_3 por microrganismos e a sua posterior absorção pelas plantas.

Os estudos nesta área iniciaram-se há vários séculos, muito embora naquela época nem mesmo se sabia da existência dos gases e dos elementos químicos necessários para a nutrição das plantas. Um dos registros mais antigos que, de alguma forma, estão relacionados ao processo de fixação de nitrogênio por bactérias se encontra nos trabalhos de Marcelo Malpighi (1628-1694). Médico e cientista italiano de grande renome, Malpighi realizou muitos estudos inéditos na área médica, incluindo investigações sobre fisiologia e anatomia. Além de seus trabalhos originais em medicina, deu importante contribuição ao estudo da anatomia de plantas, tendo publicado a obra "**Anatomes Plantarum Pars Altera**",[43] que foi muito bem recebida pelo meio intelectual da época. Nesse trabalho, ele descreve, em detalhes, a anatomia de várias plantas e registra, pela primeira vez, a presença de nódulos nas raízes de algumas delas, como mostrado na Figura 3.4.

Certamente Malpighi não tinha a menor ideia da constituição desses nódulos, muito menos ainda de seu importante papel na fixação do nitrogênio atmosférico. Hoje sabemos que esses nódulos são comuns em diversas espécies de plantas da família Leguminosae, como feijão e soja, e são resultados da associação simbiótica de bactérias com as plantas. Mas, mesmo sem terem conhecimento desse processo de fixação, os agricultores antigos sabiam que determinadas leguminosas, como feijão e ervilha, eram boas para manter o solo fértil e produtivo para o cultivo de outras culturas.

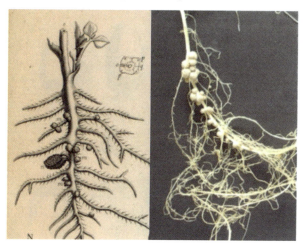

Figura 3.4 - Gravura representando nódulos em raízes de feijão (*Vicia fabia*), reproduzida da obra de Marcello Malpighi de 1679. À direita, foto recente destacando nódulos em raízes de soja.

Um dos pioneiros no estudo da fixação de nitrogênio por plantas foi o químico francês Jean-Baptiste Joseph Dieudonné Boussingault (1801-1887). No século XIX, período em que Boussingault realizou seus experimentos com adubação de culturas, muito pouco se conhecia sobre a nutrição de plantas, cabendo a diversos químicos de destaque o estabelecimento das bases da Química Agrícola. Nesse período, um dos químicos que se destacaram por suas contribuições para o desenvolvimento da Química foi Justus von Liebig (1803-1873), na Alemanha. Liebig estabeleceu na Universidade de Giessen, naquele país, um Laboratório de Química, que se tornou uma das principais referências na Europa, para onde pessoas de todas as partes do mundo se dirigiam para trabalhar sob a sua orientação. Foi ele quem institucionalizou o treinamento didático de práticas em laboratório que serviu de modelo para outras instituições e que ainda nos dias de hoje empregamos. Entre seus muitos trabalhos de relevância, destaca-se sua contribuição no campo da Química Agrícola, em especial com a publicação dos resultados de suas pesquisas no livro "Química e suas Aplicações na Agricultura e Fisiologia", de 1840.[44] Especificamente sobre os requerimentos de nitrogênio para as plantas, Liebig considerava que a quantidade desse elemento que precipitava da atmosfera era suficiente, não sendo necessária sua suplementação na agricultura por meio de outras fontes. Essa convicção o levou a refutar resultados divulgados por diversos pesquisadores, incluindo Boussingault.[45]

Utilizando seus conhecimentos de Química, Boussingault estabeleceu um campo experimental agrícola nas terras de seu sogro com vistas a avaliar a influência da adubação no desenvolvimento das plantas. Seus resultados o levaram a concluir que as massas de carbono, oxigênio, hidrogênio e nitrogênio acumuladas nas culturas eram maiores que as quantidades adicionadas por meio da adubação. Pelos conhecimentos da época, ele atribuiu o aumento de carbono à incorporação de CO_2 pela fotossíntese, enquanto oxigênio e hidrogênio deveriam ser originários da água empregada na irrigação. Quanto ao nitrogênio, ele não tinha explicação para seu excesso em relação à quantidade incorporada por meio da adubação. Vários anos depois de ter realizado os experimentos iniciais e já como professor de Agricultura em Paris, ele divulgou, em 1858, dados indicando que ervilhas acumulavam mais nitrogênio do que o esperado. Seus resultados foram criticados por Liebig, o que o levou a fazer novos experimentos em condições ainda mais controladas. Com os novos dados publicados em 1860, Boussingauld voltou atrás e disse que seus primeiros experimentos deram resultados falso-positivos, ou seja, ele próprio não enfrentou o prestígio de Liebig. Entretanto, nessa época a pesquisa sobre adubação de plantas já estava sendo realizada em vários outros países, como Inglaterra e França, e muitos dos resultados apontavam contra as opiniões de Liebig sobre a questão do nitrogênio.

Um dos experimentos de grande importância nessa área foi realizado na Inglaterra por John Benner Lawes (1814-1900) e Joseph Henry Gilbert (1817-1901), com a colaboração inicial de Evan Pugh (1828-1864).[46] O experimento foi montado em Rothamstead Manor, nas terras de Lawes, onde futuramente seria criada a famosa "Estação Experimental de Rothamstead", ainda hoje um dos mais importantes centros de pesquisa em agricultura do mundo.[47]

Os resultados dos experimentos realizados em Rothamstead indicaram claramente que a adição de nitrogênio durante o cultivo resultava em melhoria significativa na produção de diversas culturas. Os citados autores verificaram também que plantas leguminosas eram capazes de utilizar fontes de nitrogênio que não eram disponíveis para não leguminosas, como o trigo. Depois de realizar diversos outros experimentos em condições controladas, empregando cereais e leguminosas, Gilbert e Lawes conseguiram provar que as plantas não absorvem o nitrogênio do ar e as leguminosas têm capacidade de "utilizar" alguma forma de nitrogênio que não é acessível para o trigo.

O grande avanço, entretanto, no entendimento do processo de fixação do nitrogênio se deu com os trabalhos de Hermann Hellriegel (1831-1895) e Hermann Wilfarth (1853-1904), realizados na "Estação Experimental Analítica em Bernburg", na Prússia. Esses pesquisadores fizeram os primeiros estudos que revelaram a associação simbiótica de bactérias com plantas e reconheceram que os nódulos nas raízes das leguminosas são responsáveis pela absorção do nitrogênio atmosférico e pela sua conversão em amônia. Apesar dessa importante descoberta, publicada inicialmente em 1886, eles ainda não conheciam bem a natureza dos microrganismos formadores dos nódulos. Foi só em 1888 que o biólogo holandês Martinus Willem Beijerinck (1851-1931) isolou os microrganismos dos nódulos e conseguiu cultivá-los em laboratório após extensa investigação do melhor meio de cultura a ser empregado. Beijerinck estudou nódulos de várias espécies de plantas e, finalmente, conseguiu isolar, na forma pura, uma espécie de bactéria, que ele classificou como pertencente ao gênero *Rhizobium* (*rhiza* = raiz; *bios* = vida).

Esses trabalhos pioneiros foram seguidos por centenas de outros em diversos países, o que resultou na descoberta de muitas outras bactérias (aeróbicas e anaeróbicas), fungos e leveduras que conseguem fixar o nitrogênio. As bactérias capazes de fixar esse elemento são genericamente chamadas de diazotróficas. Nota-se que, embora o nitrogênio não seja mais oficialmente conhecido como azoto, essa proposta inicial de nomenclatura ainda tem forte influência até mesmo na microbiologia.

O Brasil teve papel de destaque nos estudos sobre a fixação de nitrogênio graças aos trabalhos pioneiros realizados pela pesquisadora Johanna Liesbeth Kubelka Döbereiner (1924-2000) e seus colaboradores, no Centro Nacional de Pesquisa de Agrobiologia da Embrapa (CNPAE).[48] Johana Döbereiner, como era conhecida pelos pesquisadores brasileiros, nasceu na então Tchecoslováquia, tendo se formado em Agronomia pela Universidade de Munique. Logo após a Segunda Guerra Mundial, emigrou para o Brasil, em 1951, quando começou a trabalhar no Instituto de Ecologia e Experimentação Agrícola, que posteriormente foi transformado no CNPAE.

Seus trabalhos concentraram-se no estudo de bactérias fixadoras de nitrogênio, tanto em leguminosas quanto em não leguminosas. Até a década de 1970 eram conhecidas bactérias que se associavam às plantas, induzindo a formação de nódulos que, como dissemos, são as estruturas por meio das quais as bactérias diazotróficas fornecem para as leguminosas uma parte do nitrogênio de que necessitam. Nessa época pouco se investigava sobre a associação de bactérias com cereais e outras gramíneas, como a cana-de-açúcar. Dobereiner descobriu diversas novas bactérias capazes de fixar nitrogênio e que colonizam tecidos internos das plantas. Seu grupo isolou a bactéria *Herbaspirillum seropedicae* de milho, sorgo e arroz, bem como *Gluconoacetobacter diazotrophicus* da cana-de-açúcar. A descoberta da *G. diazotrophicus* e o desenvolvimento de tecnologias para a sua utilização em culturas de cana têm elevado potencial de impacto na produção de bioetanol no Brasil. Suas pesquisas também impactaram a produção de soja e, segundo estimativas, resultaram na economia de um a dois bilhões de dólares por ano no consumo de adubos nitrogenados para essa cultura.

Como ocorre em qualquer área do conhecimento científico, uma nova descoberta pode responder a uma pergunta, mas acaba por nos mostrar que os sistemas que estamos estudando são muito mais complexos do que inicialmente imaginamos. Assim, ao responder a determinada pergunta, muitas outras aparecem, impulsionando-nos a investigar com mais detalhes os mecanismos e consequências da descoberta inicial, o que não seria diferente com a fixação biológica de nitrogênio. Uma vez descobertos os nódulos nas raízes das leguminosas por Malpighi em 1679, passaram-se quase dois séculos até que Hellriegel e Wlifarth, em 1888, mostraram que as leguminosas podem fixar nitrogênio gasoso e que isso ocorre devido à associação simbiótica dessas plantas com bactérias que colonizam suas raízes, produzindo nódulos. Nesse mesmo ano, as bactérias foram isoladas, e até esse ponto nada se sabia acerca da forma como elas realizam o processo de fixação. Foi apenas na década de 1960 que o grupo liderado por James E. Carnahan conseguiu obter um extrato a partir de células de *Clostridium pasteurianum* capazes de realizar a fixação do nitrogênio.[49] Esse extrato, sem apresentar as células inteiras da bactéria, tinha todos os constituintes necessários para promover a conversão de nitrogênio em amônia. Nesse ponto, o extrato era ainda uma mistura complexa de muitas enzimas e proteínas e se fazia necessário investigar, com mais detalhes, qual era de fato a enzima (ou enzimas) que estava diretamente envolvida na fixação. Foi apenas em 1966 que essa enzima foi isolada, mas somente no início da década de 1990 é que sua estrutura foi determinada por cristalografia de raios X. Esse lapso de tempo entre o isolamento da enzima e a determinação, mesmo que ainda parcialmente, de sua estrutura se deve às dificuldades de obter cristais bem formados e adequados à análise por raios X.

Nesse ponto, no entanto, como dissemos, o problema vai se tornando cada vez mais complexo, pois as reações que são catalisadas por enzimas ocorrem especificamente em determinado local de suas estruturas, denominado sítio ativo. Desde 1990 até o presente, muitos trabalhos vêm sendo feitos e hoje, passados quase 30 anos, conhecemos, em detalhes, a estrutura do sítio ativo da nitrogenase. Até mesmo algumas etapas do processo de biossíntese desse sítio ativo, que ocorre nas células das bactérias, são conhecidas.

Na verdade, a nitrogenase não é constituída por uma única enzima, mas trata-se de um complexo formado por uma subunidade chamada de dinitrogenase-redutase e outra denominada dinitrogenase. A dinitrogenase-redutase possui massa molar de aproximadamente 60.000 Da, sendo constituída por duas unidades idênticas, e em seu centro ativo apresenta um cofator que possui quatro átomos de ferro e quatro de enxofre (Fe_4S_4). São essas duas unidades que fornecem os elétrons necessários para a redução do nitrogênio, sendo também nelas que se liga ao trifosfato de adenosina (ATP, sigla do nome em inglês), que é a fonte de energia para realizar a transformação. A dinitrogenase, por sua vez, apresenta massa molar aproximada de 240.000 Da e é constituída por quatro subunidades, o que denominamos tetrâmero. Este sistema tem dois tipos de subunidades que apresentam em seus sítios ativos dois átomos de molibdênio (Mo), 32 átomos de ferro (Fe) e 30 átomos de enxofre (S). Descobriu-se, também, que em determinadas bactérias o molibdênio é substituído pelo vanádio (V) no sítio ativo. As estruturas desses sítios ativos foram bem determinadas e são relativamente complexas, conforme ilustra a Figura 3.5, com relação ao cofator Fe-Mo.

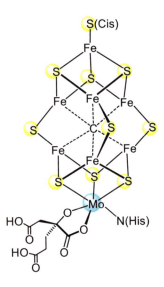

Figura 3.5 – Estrutura do cofator Fe-Mo, destacando-se os sítios de ligação com a nitrogenase via os aminoácidos cisteína (Cis) e histidina (His).

É no sítio ativo da dinitrogenase que os elétrons vindos da dinitrogenase-redutase são utilizados para promover a conversão do nitrogênio em amônia. De forma bem simplificada, a reação de redução do nitrogênio gasoso, que é catalisada pela nitrogenase que possui como cofator Fe-Mo, é representada pela equação a seguir:

$$8H^+ + 8e^- + 16\,MgATP + N_2 \longrightarrow 2NH_3 + H_2 + 16MgADP + 16P_i \quad (19)$$

Essa equação indica que uma molécula de nitrogênio (N_2) recebe elétrons, reage com íons H^+ provenientes de moléculas de água e é convertida em duas moléculas de amônia (NH_3). Nesse processo é ainda formada uma molécula de hidrogênio (H_2). A energia necessária para promover essa transformação vem da conversão de adenosina trifosfato (ATP), na sua forma de um sal de magnésio, em adenosina difosfato (ADP), também ilustrado como seu sal de magnésio MgADP mais fosfato inorgânico (PO_4^{3-}, representado como P_i).

A reação de hidrólise de ATP com formação de ADP é uma transformação muito comum em sistemas biológicos para suprir a energia necessária para as transformações que ocorrem nos seres vivos. Dizemos que o ATP é a fonte de energia dos seres vivos. Mas nesse caso em particular o ATP tem ainda outra função menos comum. Isso porque duas moléculas de ATP, ao se associarem à dinitrogenase-redutase, por meio de interação não covalente, alteram a conformação dessa unidade, resultando em aumento de seu potencial redutor de -0,30 para -0,42 V. Esse aumento de potencial é necessário para que ocorra a transferência de elétrons da redutase para a dinitrogenase.

Uma característica importante do complexo nitrogenase é a sua instabilidade na presença de oxigênio, ou seja, ela é inativada pelo oxigênio, mas as bactérias evoluíram e encontraram meios de resolver esse problema. Por exemplo, no caso das que se associam às leguminosas formando nódulos, ao invadirem as raízes elas tomam a forma denominada bacteroide. Esses bacteroides são capazes de se reproduzirem e fixarem o nitrogênio. Ficam suspensos dentro do nódulo, envoltos por uma membrana, em meio à solução de um material vermelho muito parecido quimicamente com a hemoglobina do sangue dos mamíferos. Essa substância é chamada de leg-hemoglobina e, a exemplo da hemoglobina, liga-se fortemente ao oxigênio, que porventura se difunde para dentro dos nódulos e deixa apenas o nitrogênio, protegendo, assim, o complexo nitrogenase. A leg-hemoglobina transporta o oxigênio até as mitocôndrias das bactérias, onde ele é utilizado em uma série de reações, produzindo ATP. Nessa associação simbiótica das bactérias com as plantas, ambas saem ganhando, uma vez que as plantas fornecem energia na forma de carboidratos (glicose) para as bactérias e, em contrapartida, estas fornecem amônia às plantas.

Embora grande progresso tenha ocorrido no estudo do mecanismo bioquímico do processo de fixação de nitrogênio,[50,51] ainda existem muitos detalhes a serem descobertos. Conforme já dissemos, a cada nova descoberta, novas questões surgem e, dessa forma, a ciência progride. Os avanços dessas pesquisas são também resultantes dos avanços nas diversas áreas da Química Inorgânica, Bioquímica, Biologia Molecular e Química Computacional e nas várias técnicas de análises estruturais e de biotecnologia. O desenvolvimento de determinada área, ou de nova tecnologia de análise estrutural ou bioquímica, pode abrir as portas para a descoberta de novos detalhes desse processo complexo que é a fixação biológica de nitrogênio.

É inquestionável o trabalho monumental de Haber e seus colaboradores que, há mais de um século, desenvolveram um método que permite a produção de milhões de toneladas de amônia a cada ano. Entretanto, esse método envolve temperaturas elevadas e altas pressões, com um gasto extraordinário de energia. Ainda estamos muito longe de compreender – se é que um dia chegaremos a esse ponto – todos os detalhes desse complexo processo biológico, que realiza a mesma transformação de nitrogênio em amônia, de forma silenciosa e em condições muito brandas, empregando mecanismos avançados para superar a grande barreira de energia de ativação dessa conversão.

CAPÍTULO 4

NITROGÊNIO NA AGRICULTURA E NO MEIO AMBIENTE

A cadeia alimentar, conhecida também como cadeia ou pirâmide trófica, caracteriza a relação de alimentação em um ecossistema. Toda cadeia trófica é composta por organismos produtores e consumidores de alimentos que interagem transferindo matéria e energia por meio da nutrição. A pirâmide trófica tem em sua base os organismos produtores primários, que são aqueles capazes de produzir o seu próprio alimento – são denominados organismos autotróficos. A essa altura você já deve estar imaginando que os vegetais são os principais produtores primários de todas as cadeias trópicas, considerando a sua capacidade de gerar toda a sua nutrição por meio da fotossíntese e absorção de água e alguns nutrientes inorgânicos do solo. Mas os vegetais superiores não são os únicos com essa capacidade. Na dimensão microscópica, há bactérias com essa mesma capacidade. São de fato uma verdadeira fábrica de conversão de matéria inorgânica em matéria orgânica, ou seja, vida. No degrau seguinte dessa pirâmide estão os consumidores primários, aqueles que consomem os vegetais e, por isso mesmo, são chamados de herbívoros. No patamar seguinte vêm os consumidores secundários, que se alimentam dos herbívoros, sendo, portanto, denominados carnívoros ou predadores.

4.1. NITROGÊNIO: DETERMINANTE DA PRODUTIVIDADE AGRÍCOLA

Para voltar ao foco central deste capítulo – o nitrogênio na agricultura –, vamos contextualizar a cadeia trófica humana. Independente de nosso estilo de alimentação, somos essencialmente consumidores primários – herbívoros – ao nos alimentarmos de batata, feijão, tomate etc., mas somos também consumidores secundários – carnívoros – quando degustamos um bom churrasco ou um bife suculento. Além disso, consumimos o leite e o ovo, que são gerados por consumidores secundários – herbívoros. Assim, agricultura deve ser entendida como um sistema complexo, porque contempla dois níveis da base de nossa cadeia trófica. Neste livro, nossa discussão será centrada no papel do nitrogênio e de seus compostos na produção vegetal.

Já foi dito no Capítulo 3 que todo elemento químico essencial para os seres vivos são denominados nutrientes. No âmbito da nutrição vegetal, o termo "elementos minerais essenciais", ou "nutrientes minerais", foi proposto pelos fisiologistas vegetais americanos Daniel Israal Arnon (1910-1984) e Peter R. Stout.[52] Esses fisiologistas estabeleceram que três critérios devem ser atendidos para um elemento ser considerado essencial, ou seja, nutriente. São os critérios da essencialidade! O primeiro é que a planta depende do elemento para completar o seu ciclo de vida – germinar, crescer e reproduzir. O segundo critério é que a função exercida pelo elemento na planta não pode ser atendida por outro elemento. O terceiro é que o elemento deve estar diretamente envolvido no metabolismo da planta. Então, muito cuidado deve ser tomado com o uso indevido da expressão nutriente essencial. É uma redundância ou um pleonasmo, considerando que o conceito de nutriente já encerra a ideia de essencialidade. Também é óbvio que esse conceito se aplica a todos os seres vivos. Há, no entanto, elementos que trazem benefícios ao desenvolvimento e crescimento das plantas, mas não atendem aos três critérios da essencialidade. Assim, são chamados de elementos benéficos.

Tabela 4.1 – Nutrientes minerais para as plantas e respectivos teores na matéria seca da parte aérea suficientes para o adequado crescimento

Nutriente	Símbolo químico	Teor
Macronutrientes		g kg^{-1}
Nitrogênio	N	15
Potássio	K	10
Cálcio	Ca	5
Magnésio	Mg	2
Fósforo	P	2
Enxofre	S	1
Micronutrientes		mg kg^{-1}
Cloro	Cl	100
Ferro	Fe	100
Manganês	Mn	50
Zinco	Zn	20
Boro	B	20
Cobre	Cu	6
Níquel	Ni	0,1
Molibdênio	Mo	0,1

Com o conhecimento atual são identificados 14 nutrientes vegetais, que são obtidos diretamente do solo, conforme relacionados na Tabela 4.1. A esses, somam-se o carbono, que é obtido do ar; e o hidrogênio e o oxigênio, obtidos da água e do ar. São, portanto, 17 os nutrientes vegetais. O nitrogênio, fósforo, potássio, cálcio, magnésio e enxofre ocorrem nos vegetais com teores da ordem de gramas por quilograma de matéria seca – são, assim, denominados macronutrientes. Os demais – cloro, boro, ferro, manganês, zinco, cobre e níquel – atingem teores da ordem de miligramas por quilograma de matéria seca. São, portanto, denominados micronutrientes. Essas quantidades são muito variáveis de acordo com a espécie de planta, mas teores médios suficientes para o adequado crescimento das plantas são apresentados na Tabela 4.2.[53] Façamos uma pausa para uma pergunta: Quais nutrientes são mais importantes: os macros ou os micronutrientes? Interrompa a leitura e mentalize sua resposta. Se respondeu que ambos são igualmente importantes, acertou! Isso porque todos eles atendem aos três critérios de essencialidade indicados anteriormente. Essa distinção é meramente quantitativa. Há escritos de 2.500 a.C. que relacionam a fertilidade da terra com a produtividade de cevada, portanto são relatos da importância dos elementos minerais na nutrição das plantas. No entanto, há 150 anos ainda havia muitas dúvidas a respeito das funções desses elementos no crescimento das plantas. Os estudos do químico alemão Justus von Liebig (1803-1873), que já foram citados no Capítulo 3, ainda que, com conclusões especulativas, foram fundamentais para constatar a essencialidade do N, S, P, K, Ca e Mg. Foi Liebig que, em 1862, estabeleceu a lei do mínimo, que de forma resumida postula que "a produção vegetal é limitada por aquele nutriente que estiver em menor quantidade – menor disponibilidade no conhecimento atual – na terra". A contribuição de Liebig para desvendar os mistérios da nutrição de planta foi tal, que lhe é atribuído o título de "pai da química do solo".

É difícil atribuir a um único cientista o crédito de constatação da essencialidade do N para a nutrição das plantas. A essencialidade de outros elementos, sobretudo dos micronutrientes, foi constatada por pesquisadores específicos e alguns muito recentemente. Por exemplo, a essencialidade do cloro foi comprovada apenas em 1954,[54] enquanto a do níquel somente foi confirmada em 1987[55] – o caçula dos nutrientes. É interessante ressaltar que a essencialidade do níquel se deve à sua participação na enzima urease, que atua no metabolismo do nitrogênio, promovendo a hidrólise da ureia, importante molécula contendo nitrogênio.

Com o atual conhecimento que se tem a respeito da participação do N no metabolismo dos seres vivos, fica evidente entender a sua essencialidade. No início do Capítulo 3 foi citado que o teor de N no corpo humano é de 3,2% (32 g kg^{-1}). Nos vegetais é, em média, de 15 g kg^{-1}, como apresentado na Tabela 4.1. Naquele capítulo, detalhou-se o papel do nitrogênio na composição nos aminoácidos – que compõem as proteínas – e das bases nitrogenadas purinas e pirimidinas – que compõem as moléculas de DNA e RNA. São moléculas com funções estruturais e metabólicas em todos os seres vivos, incluindo obviamente os vegetais.

Entendamos a razão do título deste item – Nitrogênio: determinante da produtividade agrícola. Antes, no entanto, façamos uma distinção entre produtividade e produção. Produtividade é a produção por uma unidade produtiva: uma planta (200 laranjas/laranjeira), uma vaca (30 L/vaca de leite) ou uma unidade de área, que na atividade agrícola usualmente é o hectare (ha) (3.200 kg ha^{-1} de grãos de soja). Já produção é a quantidade que obtém em uma escala mais ampla: uma fazenda, uma região ou país. Por exemplo, a produção de grão do Brasil na safra 2017/2018 foi de 228,3 milhões de toneladas.

Retomemos, então, a importância do N para a produtividade. Por ser constituinte das proteínas e das moléculas de DNA e RNA, o N está envolvido em toda atividade viva, desde a reprodução. As plantas requerem teores adequados de N para que sejam formados ovários viáveis – evento metabólico que ocorre na diferenciação celular bem antes do florescimento da planta. Ovário viável é aquele que, se fecundado, gerará um fruto ou os grãos em uma espiga – infrutescência proveniente de uma inflorescência, típico das gramíneas, ou em uma vagem – fruto capsular próprio das leguminosas. Assim, N é importante para determinar o número de frutos em uma planta – cafeeiro, laranjeira, oliveira etc. – e o número de grãos em uma espiga de milho ou trigo e em uma vagem de feijão, soja ou ervilha.

Citamos anteriormente que os vegetais são produtores primários devido à sua capacidade fotossintética. A fotossíntese é um processo físico-químico, realizado em nível celular por organismos clorofilados – contêm clorofila em suas células –, que produz glicose utilizando o carbono e a energia solar capturados da atmosfera e de água absorvida do solo pelas plantas, conforme reação esquematizada na equação 20.[56] A glicose gerada pela fotossíntese é a precursora da síntese dos diversos açúcares e carboidratos nas plantas.

$$6CO_2 + 6H_2O \longrightarrow C_2H_{12}O_6 + 6\,O_2 \qquad (20)$$

Como o N interfere no processo de fotossíntese? Em primeiro lugar, é importante deixar claro que ele é constituinte essencial para a formação das moléculas das clorofilas do tipo "a" e "b", que dão coloração verde às plantas superiores. A clorofila "a" tem a fórmula molecular $C_{55}H_{72}O_5N_4Mg$, enquanto a clorofila "b" tem a fórmula $C_{55}H_{70}O_6N_4Mg$.

Os quatro átomos de N estão em coordenação com um átomo de Mg que compõe o centro do anel do tipo porfirina em ambas as clorofilas, como mostrado na Figura 4.1.

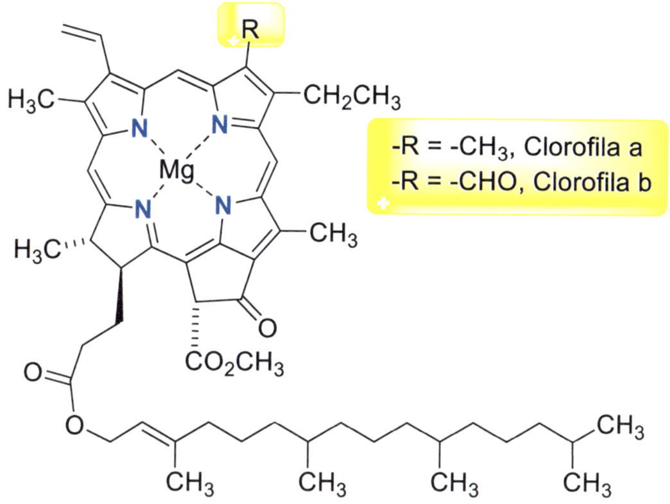

Figura 4.1 – Fórmulas estruturais das moléculas de clorofila "a" e "b".

Baixos teores de N comprometem a síntese de clorofila e, portanto, a fotossíntese. É por isso que plantas com deficiência de N apresentam as folhas mais velhas com coloração verde-pálida ou amarelada.

O N é ainda constituinte da proteína ribulose-1,5-bifosfatoarboxilase oxigenase (Rubisco), que é a enzima responsável pela captura do CO_2 proveniente do ar e do açúcar ribulose 1,5-difosfato (RuDP) ou ribulose 1,5-bifosfato (RuBP) presentes nas células, para então formar o açúcar fosfoglicerato (PGA). Assim, a Rubisco é responsável pela fixação do C inorgânico (dióxido de carbono) em uma forma orgânica – a geração de matéria viva a partir de um substrato inorgânico. Ela é a enzima mais abundante nas plantas e, por conseguinte, a proteína mais abundante na natureza.

Resumindo: o adequado teor de N nas plantas é fundamental para determinar o número de frutos e grãos e a quantidade de carboidratos nestes. Determina, assim, a produtividade.

4.2. A DEMANDA E A AQUISIÇÃO DE N PELAS PLANTAS CULTIVADAS

A partir do discorrido no item anterior, pode-se concluir que as plantas cultivadas –culturas – demandam grandes quantidades de N, e essa demanda aumenta com a produtividade. Vale ressaltar que para a cultura produzir o produto de interesse comercial – fruto, grãos ou fibra –, ela tem que construir toda a sua estrutura: raízes, caules, folhas, flores e frutos. É uma verdadeira fábrica. As estimativas apresentadas na Tabela 4.2, feitas com base no conteúdo dos nutrientes nas culturas e na produtividade média brasileira, indicam que as quantidades de N demandadas por hectare são muito maiores do que as de fósforo e se equiparam, em algumas culturas, às quantidades de potássio. O consumo de N na agricultura brasileira na safra de 2017 atingiu 4,604 Mg (1 Mg = 1 x 10^6 t). A FAO fez previsões de consumo mundial para de 2018 de 119,400 Mg de N. Com essas breves estatísticas, fica evidente a importância do N para a agricultura. [57-60]

Tabela 4.2 - Quantidade de N, P e K demandadas para atender a produtividades médias de algumas culturas no Brasil

Cultura	Produtividade média	N	P	K
		kg ha^{-1}		
Cana-de-açúcar	73.240	117	22	171
Café	1.800	31	3	47
Algodão	4.290	240	30	168
Milho	5.016	145	28	138
Trigo	2.613	91	16	70
Feijão	990	101	9	93
Soja	3.378	321	35	121
Tomate	68.920	165	30	442

Como as plantas adquirem o N de que tanto necessitam? Elas absorvem pelas raízes formas inorgânicas de nitrogênio, como a nítrica (NO_3^-) e a amoniacal (NH_4^+); e formas orgânicas, como aminoácidos, ureia, bases purinas e pirimidinas. No entanto, prevalece a absorção do NO_3^- e do NH_4^+. O nitrato é prevalecente em solos bem aerados, embora nos solos tropicais de natureza mais ácida prevaleça a forma amoniacal. As formas orgânicas, além de menos abundantes, são mais instáveis porque estão sujeitas à mineralização, como será visto à frente. Antes de continuar, é conveniente distinguir dois processos ligados ao metabolismo vegetal: absorção e assimilação. Absorção é o processo de transportes passivos (sem gasto de energia) ou ativos (com gasto de energia) dos nutrientes através da parede celular e da membrana plasmática das células das raízes finas pelos radiculares. Assimilação são processos metabólicos de incorporação dos nutrientes em forma inorgânica às moléculas orgânicas. Feita essa distinção, pode-se informar que o NH_4^+ absorvido é assimilado preferencialmente nas raízes, com a intervenção de duas enzimas – glutamina sintetase e glutamato sintase –, formando o aminoácido glutamina. Esse metabolismo de assimilação funciona continuamente porque o NH_4^+ não pode ser acumulado nas células. O NO_3^- absorvido para ser assimilado deverá ser previamente reduzido até NH_4^+ com a intervenção de duas outras enzimas – nitrato redutase e nitrito redutase. Essa assimilação poderá ocorrer nas raízes ou nas folhas. Isso quer dizer que o NO_3^- poderá ser transportado via xilema das raízes para as folhas. A assimilação do NO_3^- não precisa ser de imediato; assim, ele pode ser armazenado nos vacúolos das células.

Outra forma de aquisição significativa do N pelas plantas é a fixação biológica do N atmosférico (N_2) – FBN, conforme discutido no capítulo anterior. A FBN se dá por interações associativas ou simbióticas entre a planta e microrganismos, predominantemente bactérias. Já foi devidamente comentado que todo o processo de fixação biológica do N_2 é catalisado pela enzima nitrogenase e a reação que sumariza o processo é ilustrada pela equação 19 (Capítulo 3).

Do ponto de vista da produção agrícola, justifica destacarmos a FBN pela simbiose entre plantas da família das leguminosas e as bactérias dos gêneros *Rhizobium* e *Bradyrhizobium*. Importantes produtores de grãos como feijão-comum (*Phaseolus vulgaris*), feijão-caupi (*Vigna unguiculata*), feijão-fava (*Vicia faba*), soja (*Glycine max*), ervilha (*Pisum sativum*), lentilha (*Lens culinaris*) e grão-de-bico (*Cicer arietinum*) adquirem parte ou toda a demanda de N por meio da FBN simbiótica. Os 321 kg ha^{-1} de N demandados pela soja para produzir, em média, 3.378 kg ha^{-1} de grãos (Tabela 4.2) são de 72 a 94% obtidos por meio da FBN simbiótica. São de 230 a 300 kg ha^{-1} de N que deixam de ser aplicados na forma de fertilizantes. Por exemplo, considerando a área cultivada no Brasil, gera-se uma economia anual de seis a sete bilhões de dólares, o que torna a nossa soja mais competitiva no mercado internacional.[61]

4.3. SUPRIMENTO DE N PARA AS CULTURAS: SOLO, RESÍDUOS ORGÂNICOS E FERTILIZANTES

O N total do solo está predominantemente (95 a 98%) em forma orgânica. Portanto, pequena fração está nas formas prontamente absorvíveis (NO$_3^-$ e NH$_4^+$). O N orgânico do solo está contido nos resíduos orgânicos em diferentes estágios de decomposição, na biomassa do solo, que é o conjunto de microrganismos do solo – chamado, portanto, de matéria orgânica viva – e na matéria orgânica estabilizada (húmus do solo). Para contribuírem como fontes de N para as plantas, essas formas orgânicas devem ser mineralizadas para produzir NH$_4^+$ e, na sequência, parte desse composto sofre nitrificação, produzindo o NO$_3^-$. Os fluxos das transformações do N são tratados no próximo item (Ciclo do N: implicações agronômicas e ambientais).

Apenas pequena fração de todo o N absorvido pelas plantas ou ingerido pelos animais é, de fato, removida dos produtos colhidos. Portanto, os resíduos orgânicos vegetais e animais frescos – recém-produzidos – têm expressiva contribuição para o aporte de N orgânico no solo. Vejamos, por exemplo, que as quantidades de N exportadas com as produtividades médias de milho e soja citadas na Tabela 4.2 são de 87 e 225 kg ha^{-1}, respectivamente. Considerando as demandas de N (145 e 321 kg ha^{-1}), estima-se que são retornados ao solo por meio dos resíduos (palhada e raízes) 58 e 96 kg ha^{-1} de N. No caso da soja, em que boa parte do N provém da FBN, essa contribuição é a custo zero. O N orgânico aporte pelos resíduos está na forma de proteínas, aminoácidos, aminoaçúcares, bases nitrogenadas etc., que são facilmente mineralizados pela biomassa do solo. É caracterizado como o N lábil. Assim, além da importância quantitativa, os resíduos contribuem para a dinâmica das transformações do N no solo.

O húmus do solo é química e genericamente caracterizado como ácidos húmicos, ácidos fúlvicos e huminas. São moléculas poliméricas, de elevado peso molecular, tendo como unidades básicas anéis aromáticos ligados por pontes do tipo –O–, –CH$_2$–, –NH–, –N=, =N=N– e –S– .[62] O N é fundamental para a gênese dessas moléculas, por isso grande parte do N orgânico do solo (90 a 98%) está presente na matéria orgânica estabilizada. As características químicas do húmus e a forte interação que ele estabelece com a fração coloidal mineral do solo – fração argila – restringem a sua mineralização pela biomassa do solo. Estima-se que de 2 a 3% do N total seja anualmente mineralizado.[63] Considerando que solos brasileiros na camada de 0-20 cm – camada explorada pelas raízes das plantas – podem atingir de 800 a 6.000 kg ha^{-1} de N total, estima-se uma contribuição anual de 16 a 180 kg ha⁻¹ de N.[64] Essa quantidade pode ser suficiente para atender à demanda de N das plantas em sistema natural, mas insuficiente para satisfazer a demanda da maioria das culturas agrícolas. Entretanto, uma mineralização mais intensa dessa forma orgânica do N seria desastrosa. Promoveria drástica redução nos teores de matéria orgânica do solo, com consequente perda da qualidade do solo e emissão de significativas quantidades de CO_2 – principal gás de efeito estufa – para a atmosfera.

Pelo exposto nos dois últimos parágrafos, deduz-se que o aporte de N pelos resíduos e pela mineralização do húmus do solo não é suficiente para atender à demanda de N das culturas para produção de alimento, fibra e energia. Para fechar essa conta na produção agrícola, os fertilizantes, sejam de natureza orgânica, organomineral e mineral, tornam-se necessários e, seguramente, imprescindíveis. A demanda mundial de N a ser atendida pelos fertilizantes, segundo estimativas da FAO, é de 119,400 Mg e com uma estimativa de incremento anual de 1,4%.[60]

Os fertilizantes minerais são responsáveis pelo atendimento da maior parte dessa demanda. Já foi destacado no item 3.1 a importância do processo Haber-Bosch para a fixação de N como NH_3. Ressaltou-se também que a maior parte da NH_3 produzida no mundo (160 Mg) é destinada à indústria de fertilizantes. Caberiam aqui duas sutis ressalvas. A primeira é que para os fertilizantes nitrogenados a expressão fertilizantes inorgânicos é mais adequada do que fertilizantes minerais. A segunda é que fertilizantes não são agrotóxicos. São insumos químicos! Aliás, o conceito de agrotóxico é indevidamente aplicado. Todos os produtos químicos utilizados na agricultura são insumos agroquímicos, alguns com toxicidade potencial, mas causarão "toxidez" se indevidamente utilizados. Até água se ingerida em excesso pode causar mal: a hiponatremia, que é a redução dos teores de sódio sanguíneo, que causa o torpor, a confusão e as convulsões.

A ureia, o sulfato de amônio e o nitrato de amônio são os principais fertilizantes nitrogenados e produzidos a partir da amônia, como demonstra o fluxograma da Figura 4.2. A ureia é, atualmente, o fertilizante mais utilizado. Essa preferência pode ser atribuída ao seu elevado teor de N (45%) e ao menor custo por unidade de N e, ainda, por apresentar características físico-químicas favoráveis. Para ser absorvido pelas plantas, o N amídico da ureia tem que ser convertido a NH_4^+, por meio da hidrólise catalisada pela enzima urease. Apesar do menor teor de N, o sulfato de amônio tem a vantagem de o N já estar em uma forma prontamente absorvível e de conter enxofre mais um nutriente. O nitrato de amônio, além de apresentar elevado teor de N, tem a vantagem de ter o N nas duas formas – nítrica e amoniacal – prontamente absorvíveis pelas plantas. O monofosfato e o diamoniofosfato, apesar de conterem N, são considerados fertilizantes fosfatados em razão do seu maior teor de P. A volatilização da amônia compromete a eficiência dos fertilizantes amoniacais e será muito influenciada pelo pH do solo e pela forma de aplicação do fertilizante. No caso da ureia, agrava-se, porque o pH no ambiente da hidrólise – o grão de fertilizante, por exemplo – atinge valores de 8,8. Essa perda é intensificada quando a ureia é aplicada sobre o solo, o que é uma prática muito frequente na adubação de muitas culturas. Esta é, portanto, a principal limitação da ureia. Todos esses são fertilizantes amoniacais que têm como principal vantagem suprir o N na forma catiônica (NH_4^+). Este pode ser adsorvido a complexo sortivo catiônico do solo, o qual confere ao solo a capacidade de troca catiônica. Isso é muito importante, porque diminui a chance de perda por lixiviação (processo que será abordado no próximo item).

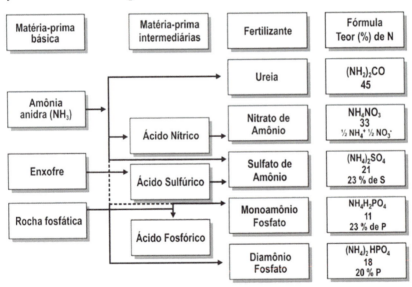

Figura 4.2 - Esquema da matriz de produção de fertilizantes nitrogenados amoniacais a partir da amônia anidra. Para os fertilizantes são apresentados os nomes comerciais comuns e não os nomes químicos dos compostos.

Outros fertilizantes nitrogenados relevantes para a agricultura são o nitrato de cálcio (14% de N e 19% de Ca) e o nitrocálcio (21% de N, ½ NO_3^- e ½ NH_4^+). O nitrocálcio é produzido pela reação de um licor concentrado de NH_4NO_3 com calcário dolomítico – rocha calcária – finamente moído. Os fertilizantes nítricos têm a desvantagem de fornecer o N na forma aniônica (NO_3^-), que tem menos chance de ser adsorvida pelo solo. Portanto, possui maior potencial de lixiviação.

4.4. CICLO TERRESTRE DO N: IMPLICAÇÕES AGRONÔMICAS E AMBIENTAIS

Este último tópico trata do ciclo bioquímico terrestre do N, com ênfase na atividade agrícola (Figura 4.3). Evitamos o termo ciclo biogeoquímico porque o componente geo – geológico – não será considerado. Ainda que pouco significativo, e por isso pouco explorado, os minerais e, por conseguinte, as rochas têm importância para o ciclo global do N.[65] Na abordagem dos ciclos dos elementos químicos – nutrientes em situações específicas –, consideram-se os compartimentos – estoques – e os fluxos; neste caso, focaremos apenas os fluxos. No modelo esquemático da Figura 4.3, os fluxos de entrada, saída e transformação do N estão representados por setas vermelhas, azuis e amarelas, respectivamente.

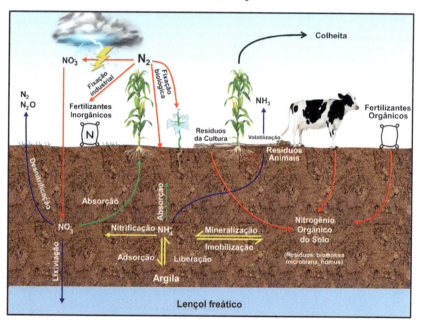

Figura 4.3 – Esquema esboçando o ciclo terrestre do nitrogênio, com foco na atividade agrícola.

A conversão do N_2 a N reativos (N_r) – formas oxidadas ou reduzidas biologicamente absorvíveis – é considerada fixação do N. Os processos envolvidos nesse fluxo já foram tratados em itens anteriores. Estimou-se para 2010 uma fixação global total de 413 Tg de N (1 Tg = 10^{12} g).[66] Os aportes de N de natureza antropogênica somaram 210 Tg, dos quais 120 (57%) e 60 Tg (29%) são atribuídos aos fertilizantes e à FBN agrícola, respectivamente. Fica evidente a importância que a agricultura exerce sobre o ciclo terrestre do N e as suas consequências ambientais, sendo o processo de fixação de Haber-Bosch um dos grandes contribuidores.

O NO_3^- e o NH_4^+ supridos pelos fertilizantes são em parte absorvidos e convertidos em biomassa vegetal, que por sua vez é parcialmente consumida pelos animais. Resíduos vegetais e animais aportam ao solo formas orgânicas de N, que serão mineralizadas pela atividade dos microrganismos heterotróficos do solo, produzindo NH_4^+. Parte do N amoniacal sofre oxidação enzimática por bactérias quimoautotróficas, produzindo o NO_3^-. Com esses fluxos, o ciclo do N no solo se conclui, mas, infelizmente, não se fecha estequiometricamente porque há perdas gasosas e iônicas de relevante impacto ambiental.

A volatilização da NH_3 a partir do NH_4^+ é um desses processos e decorre do equilíbrio entre essas duas formas de N, sendo regulado pela atividade hidrogeniônica – pH –, conforme mostra a reação a seguir:

$$NH_3 + H^+ \rightleftharpoons NH_4^+ \quad Kd = 5{,}85 \times 10^{-10} \quad (21)$$

Ainda que a reação tenha baixa constante de equilíbrio, o que favorece a manutenção do NH_4^+, a perda de NH_3 é expressiva, mesmo em solos ácidos (pH < 7). Isso ocorre porque o NH_3, como gás, é removido e o equilíbrio é continuamente restabelecido. A intensificação da volatilização ocorre com o uso de fertilizantes nitrogenados amoniacais, principalmente a ureia, e de resíduos animais (fezes e urina). Sistemas de produções de bovinos, suínos e aves volatilizam grandes quantidades de amônia. Estimativas recentes apontam que as evoluções de NH_3 globais desses sistemas são de 40 Tg ano^{-1}, que corresponde a 67% das emissões totais desse gás.[66] Para saber um pouco mais sobre a contribuição da pecuária de bovinos na produção de N_2O, veja o Quadro 4.1.

| **Quadro 4.1 –** | **Compostos nitrogenados oriundos da agropecuária causam efeito estufa[67]** |

Toda atividade humana realizada em grande escala com o intuito de resolver algum problema sempre acarreta prejuízo ambiental que não havia sido previsto. Isso não é diferente com a pecuária de bovinos, uma das importantes fontes de proteína para os seres humanos. A Organização das Nações Unidas para Alimentação e Agricultura (FAO) estima que, até 2024, a produção de carne crescerá 17%, sendo grande parte desse crescimento oriundo dos países em desenvolvimento. Nesse contexto, o Brasil destaca-se com o maior rebanho comercial bovino do mundo, com cerca de 219 milhões de cabeças.

O bovino, como outros ruminantes, utiliza o nitrogênio não proteico alimentar (NNP) para atender parte de suas necessidades de proteína. Além disso, usa a fibra vegetal como fonte de energia. O rúmen do bovino – o maior dos quatro compartimentos que compõem o estômago desse animal – é um ambiente anaeróbio e habitado por bilhões de bactérias, fungos e protozoários. No rúmen, o NNP é convertido em nitrogênio amoniacal (NH_3). A celulose da fibra vegetal, no entanto, é degradada e produz metano, por meio de relações sintróficas entre bactérias celulolíticas com *Archaea* metanogênicas.

Os microrganismos convertem o NH_3 em aminoácidos, que então reagem entre si formando as proteínas microbianas. Os micróbios passam do rúmen para o trato gastrointestinal posterior, onde são digeridos pelo animal hospedeiro. Quando a proteína microbiana é digerida, os aminoácidos são liberados e, então, absorvidos pela corrente sanguínea do animal.
A principal fonte de NNP para bovinos é a ureia, comercializada como ingrediente para ração, além de ser utilizada como fertilizante na agricultura.

Assim, em razão da sua larga escala e do uso dos insumos nitrogenados, a pecuária é responsável pela produção de grandes quantidades de Gases de Efeito Estufa (GEE). Esses gases são constituídos principalmente pelo metano (CH_4), oriundo da fermentação entérica, e pelo óxido nitroso (N_2O), oriundo do processo de desnitrificação dos fertilizantes nitrogenados e de dejetos (urina e fezes) dos animais. Embora na mídia de modo geral o efeito estufa esteja sempre associado ao dióxido de carbono (CO_2), o metano apresenta potencial de aquecimento de 21 vezes o do CO_2 e vida útil de 14 anos na atmosfera. O potencial de aquecimento global do N_2O equivale a 295 vezes o CO_2, e sua vida útil na atmosfera é estimada em 120 anos.

Visando diminuir o impacto ambiental da pecuária bovina, um dos avanços tecnológicos de destaque corresponde ao uso de antibióticos ionóforos, que modulam a ação da fermentação ruminal, aumentando a eficiência alimentar e reduzindo a emissão de GEE. Na procura por alternativas ao uso desses antibióticos, descobriu-se que alguns compostos nitrogenados da classe dos alcaloides piperidínicos, produzidos por algaroba (*Prosopis juliflora* Sw. D. C.), apresentam efeito antimetanogênico e aumentam a eficiência de utilização de energia e proteína da dieta em ruminantes, com potencial de desenvolvimento de uma cadeia produtiva sustentável.[68] Melhor explicando, a solução para os problemas causados por compostos nitrogenados utilizados na pecuária pode vir de outros compostos nitrogenados de algaroba. Muita pesquisa precisa ainda ser feita até que tenhamos uma solução para esse problema, mas os primeiros passos já foram dados.

A contribuição dos fertilizantes sulfato de amônio e nitrato de amônio para a volatilização é significativa em solos com pH entre 6,0 e 7,0. Ressalta-se que o pH do solo agronomicamente adequado é entre 5,5 e 6,5. A contribuição da ureia é mais expressiva. Isso se deve ao fato de a elevação do pH até 8,8 ser decorrente da hidrólise que é catalisada pela urease. Essa é uma enzima de solo produzida por grande diversidade de microrganismos. É por isso que a volatilização é intensa a partir das fezes e urina dos animais, em que há elevada concentração de ureia. A volatilização da amônia (NH_3), que é um gás de baixo impacto ambiental na atmosfera, compromete a eficiência agronômica e econômica da adubação nitrogenada.

A emissão de óxidos de nitrogênio (NO_x e N_2O) é, no entanto, de elevado impacto ambiental. A contribuição da agricultura para a emissão de NO_x (NO_2) se dá com a queima de combustível fóssil pelo maquinário e pela combustão de biomassa – queimadas, ainda frequentes na agricultura. No aerossol da atmosfera livre ou das nuvens, o NO_2 é convertido em HNO_3. A dissociação desse ácido propicia a formação de NH_4NO_3, em que o NH_4^+ deriva da NH_3 volatilizada. Essas formas são carreadas para o solo pelas chuvas, que contêm acidez. Tanto o NO_2 quanto a NH_3 são gases com tempo de meia-vida na atmosfera menor que um mês. A magnitude dos seus impactos, portanto, depende da intensidade com que são emitidos.

O N_2O é o gás nitrogenado mais impactante do ambiente. Ainda que seja menos abundante na atmosfera, é um dos principais gases de efeito estufa, considerando que ele tem equivalente em CO_2 (CO_2eq) de 295. Isso significa que a emissão de uma tonelada métrica de N_2O causa o efeito de 295 toneladas de CO_2. Além disso, o seu tempo de meia-vida na atmosfera é de 70 anos. Quando atinge a estratosfera, torna-se um gás instável, porém muito reativo, sendo responsável pela destruição da camada de ozônio, como ilustrado pelas reações mostradas na Figura 4.4.

$$O_3 + h\nu \longrightarrow O_6 + O^*$$
$$N_2O + O^* \longrightarrow 2\,NO$$
$$NO + O_3 \longrightarrow N_2O + O_2$$

Figura 4.4 – Reações envolvidas na decomposição do ozônio, catalisada pelo N_2O. O símbolo hn representa radiação ultravioleta, e O* corresponde a um átomo de oxigênio com elétron desemparelhado.

As estimativas atuais indicam uma produção global de 18,5 Tg ano^{-1} de N_2O, dos quais 7 Tg (38%) são de origem antropogênica, principalmente derivados das atividades agrícola e pecuária.[66] A principal emissão de N_2O na agricultura decorre da desnitrificação do NO_3^-. Essa é uma rota metabólica de respiração anaeróbica de bactérias anaeróbias facultativas que utiliza o NO_3^- como aceptor final de elétrons. Portanto, o acúmulo de nitrato no solo, seja decorrente do uso de fertilizantes nítricos, seja da nitrificação, e condições de anaerobiose favorecem a desnitrificação. A anaerobiose no solo decorre da compactação, do encharcamento – excesso de água, ainda que por curto período de tempo – e de intensa mineralização de resíduos orgânicos – atividade de microrganismos heterotróficos, consumindo muito O_2 e produzindo muito CO_2. Ressalta-se que a desnitrificação também acontece em solos bem aerados porque, mesmo nesses solos, ocorrem microssítios anaeróbicos. Além disso, o N_2O pode ser produzido por um desvio metabólico durante o processo de nitrificação.

O excesso de NO_3^- acarreta a perda deste nutriente por lixiviação – movimento gravitacional do ânion pela água que é percolada no solo. Esse processo é tão mais intenso quanto mais eletronegativo for o solo – prevalência de cargas negativas em seu complexo sortivo, composto por partículas da fração argila (< 2 μm) de natureza mineral ou orgânica. Os solos tropicais, como os que predominam no Brasil, têm caráter eletronegativo menos expressivo em camadas mais profundas, podendo, com frequência, expressar o caráter eletropositivo. Isso faz que a lixiviação do NO_3^- nesses solos seja menos intensa do que em solos das regiões de clima temperado. No entanto, no Brasil os solos que ocorrem em terras baixas – várzeas – têm características eletroquímicas que favorecem a lixiviação do NO_3^-. O NO_3^- lixiviado acumulará nas águas subterrâneas – lençol freático, que aflorará nas minas e nascentes. Devido às suas características eletroquímicas, o NO_3^- é também facilmente carreado pela água de escorrimento superficial – enxurrada – para os depósitos superficiais de água, como lagos, represas, córregos e rios. Quais são as consequências? Água com teores de NO_3^- superiores a 50 mg L^{-1} são impróprias para o consumo animal. Ainda que haja controversas, muitos autores consideram que a ingestão de excesso de nitrato é danosa à saúde humana. O acúmulo de NO_3^-, juntamente com o de outros nutrientes, em especial o P, acarreta a eutrofização dos depósitos superficiais de água. Devido ao enriquecimento nutricional da água, há o crescimento excessivo de vegetais e microrganismos aquáticos, criando um ambiente anóxico – menos que 5 mg L^{-1} de O_2 dissolvido –, que limita a vida de animais aquáticos. Por exemplo, diatomáceas – espécies de organismos unicelulares – e cianobactérias proliferam intensamente em águas eutrofizadas e são responsáveis pela produção de toxinas.

Já foi relatado que a lixiviação do NH_4^+ é menos intensa em razão da capacidade que o solo tem de adsorver cátions – caráter eletronegativo – sobretudo na camada superficial (até 20 a 30 cm de profundidade). No entanto, essa lixiviação pode ser expressiva em solos arenosos – intensamente utilizados hoje na agricultura brasileira – e em solos com baixos teores de matéria orgânica.

Esperamos que com este breve relato tenhamos deixado evidente a importância central do N para todas as cadeias tróficas de nosso planeta e, em especial, para a nossa – dos humanos –, que ela depende fundamentalmente da atividade agrícola, que requer *inputs* expressivos de N – fertilizantes. Levando em conta a intensa dinâmica do N no sistema solo–água–planta–animal–ar, o "manejo deste gás na agricultura" deve ser cuidadoso, para minimizar os seus impactos ambientais.

REFERÊNCIAS E NOTAS

1. As massas das partículas atômicas são expressas em "unidade de massa atômica", representada pelo símbolo u, sendo 1 u = 1,6605 x 10^{-27} kg. A carga elementar é representada pelo símbolo e, sendo e = 1,602 x 10^{-19} Coulomb.
2. Com os avanços da Física Moderna, sabe-se hoje que existem muitas outras partículas subatômicas, a exemplo de neutrino, pósitron, méson, entre outros. Todavia, para os objetivos deste texto é suficiente a descrição das três partículas mencionadas.
3. Berzelius, J. Experiments on the nature of azote, of hydrogen, and of ammonia, and upon the degrees of oxidation of which azote is susceptible. *Annals of Philosophy,* v. 2, p. 357-368, 1812.
4. A fórmula química é NaOH, cujo nome é hidróxido de sódio.
5. Antiga unidade de medida de massa chamada de **onça**. O símbolo Oz vem da antiga palavra italiana *onza*. Uma onça equivale a 28,3 gramas para medida de massa de objetos comuns. Quando se trata de metais preciosos, uma onça é igual a 31,1 gramas.
6. A Royal Society é uma instituição onde os cientistas da época se encontravam para discutir e apresentar para seus pares os últimos avanços da ciência.
7. Priestley, J. Observations on different kinds of air. *Philosophical Transactions,* v. 62, p. 147-264, 1771.
8. A teoria do flogisto foi originalmente proposta pelo alquimista alemão Johann Joachim Becker (1635-1682) em seu livro *Physica Subterrânea* (de 1667). Posteriormente foi elaborada e difundida pelo químico e médico alemão Georg Ernst Stahl (1659-1734). Segundo essa teoria, os corpos combustíveis possuiriam uma matéria chamada flogisto, que era liberada ao ar durante os processos de combustão de material orgânico, ou de calcinação no caso de minerais. A palavra "flogisto" vem do grego e significa "inflamável". Ainda segundo a teoria, o flogisto do ar era absorvido pelas plantas.

9. Weeks, M. E. Daniel Rutherford and the discovery of nitrogen. *J. Chem. Ed.*, v. 11, p. 101-107, 1934.
10. Ramsay, W. *The gases of the atmosphere*: the history of their discovery. 3. ed. Londres: Macmillan and Co., 1905. p. 63. A primeira edição foi publicada em 1896 e a segunda, em 1900.
11. Black, J. *Lectures on the elements of chemistry delivered in the University of Edinburgh*. Publicado por John Robinson, Philadelphia. 1806. v. 2, p. 245.
12. O "Traité Élémentaire de Chimie" foi publicado em 1789. Sua tradução para o português foi publicada recentemente no Brasil, como: Lavoisier, A. L. *Tratado elementar de Química*: apresentando uma nova ordem e segundo as descobertas modernas. São Paulo: Madras Editora Ltda., 2007.
13. Para mais detalhes sobre esse conceito, ver: i) Pavel Karen, P.; McArdle, P.; Takats, J. IUPAC Technical report toward a comprehensive definition of oxidation state (IUPAC Technical Report). *Pure Appl. Chem.*, v. 86, p. 1017-1081, 2014.; ii) Calzaferri, G. Oxidation numbers. *J. Chem. Ed.*, v. 76, p. 362-363, 1999.
14. É mais comum representar o número de oxidação colocando-se o numeral seguido da carga. Por exemplo, 2–, 3–, 2+, 3+ etc. Assim, um íon ferro com carga 2+ é representado como Fe^{2+}. Para íons com carga +1 ou –1, empregam-se apenas os símbolos das cargas (sinais + ou –), sem o numeral, como em Na^+ ou Cl^-.
15. Existem algumas regras para se calcular o número de oxidação dos elementos nos compostos, conforme discutido nas referências citadas na nota 13. Alguns números de oxidação comuns são: H e metais alcalinos: +1; alcalinos terrosos: +2; halogênios: -1; e oxigênio: -2.
16. Reação de formação do azinhavre:
$2Cu(s) + O_2(g) + H_2O(g) + CO_2(g) \rightarrow Cu_2(OH)_2CO_3(s)$.
17. Faraday, M. On the condensation of several gases into liquids. *Philosophical Transactions*, v. 119, p. 189, 1823.
18. Andreev, V.Y.; Generozova, I. P.; Vartapetyan, B. B. Preparation of apples for storage by holding in nitrogen atmosphere in sealed chamber at room temperature, cooling to storage temperature and introducing air into chambers. *Patent number*, SU1692365-A1, 1992.
19. Partington, J. R. *A history of Greek fire and gunpowder*. Baltimore: John Hopkins University Press, 1999.
20. Para fins de esclarecimento aos leitores menos familiarizados com a Química, chamamos a atenção que em uma equação química balanceada a quantidade de cada um dos elementos que aparecem no lado esquerdo

da seta (materiais de partida ou reagentes) deve ser igual à que aparece no lado direito dela (produtos). Assim, para fins de balanceamento, colocamos um número na frente de cada composto. Esses números são chamados de coeficientes estequiométricos. Apenas para ilustrar, nota-se que antes do KNO_3 colocamos o número 10. Isso significa que 10 átomos de nitrogênio participam da reação. No lado direito, antes do N_2, o coeficiente é 5. Uma vez que cada molécula de nitrogênio tem dois átomos desse elemento, isso significa que o produto contém 10 átomos de nitrogênio, ou seja, o número de átomos de nitrogênio é igual antes e depois da reação. Em uma reação química, os elementos não são formados nem consumidos; eles apenas se combinam de forma diferente, produzindo novos compostos.

21. Texto preparado por Luciano Emerich Faria, Químico e Doutor em Química pela UFMG e professor do Centro Universitário Newton Paiva, em Belo Horizonte.

22. MENDONÇA, M. C. *O Intendente Câmara*. Manuel Ferreira da Câmara Bittencourt e Sá, Intendente Geral das Minas e dos Diamantes (1764-1835). São Paulo: Companhia Editora Nacional, 1958. p. 14.

23. Terra de diatomáceas, ou diatomito, é uma rocha porosa com propriedade absorvente. Ela é formada de restos microscópicos de diatomáceas, que são algas unicelulares dotadas de uma membrana celular rica em sílica. O diatomito apresenta-se puro, maciço e, quando pulverizado, é muito leve e volumoso.

24. Texto preparado por Cristiane Isaac Cerceau, Bacharel em Química pela Universidade Federal de Ouro Preto (UFOP) e Doutora em Agroquímica pela UFV. Trabalha como técnica responsável pelo laboratório de Ressonância Magnética Nuclear da UFV.

25. Texto preparado por Vanderlúcia Fonseca de Paula, graduada em Química pela UFV e doutora em Química pela UFMG. Atualmente é Professora Titular da Universidade Estadual do Sudoeste da Bahia (UESB).

26. Pacheco, J. S.; Silva-López, R. E. S. Genus *Crotalaria* L. (Leguminosae). *Rev. Fitos*, v. 5, p. 43-52, 2010.

27. Ribas, R. G. T. et al. *Manejo da adubação verde com crotalária no consórcio com o quiabeiro sob manejo orgânico*. Seropédica, RJ: Embrapa Agrobiologia, 2003. 4 p. (Comunicado Técnico, 59).

28. Iyengar, V. K.; Conner, W. E. *Utetheisa ornatrix* (Erebidae, Arctiinae): a case study of sexual selection. In: Alisson, J. D.; Cardé, J. T. (Ed.). *Pheromone communication in moths*: evolution, behavior, and application. Oakland: University of California Press, 2016. p. 259-264.

29. Ferreira, A. B. de Holanda. *Novo dicionário Aurélio da língua portuguesa*. 3. ed. Curitiba: Positivo, 2004.
30. Para uma excelente descrição da história do nitrogênio e seus usos na agricultura, ver Leigh, G. J. *The World's Greatest Fix* – A history of nitrogen and agriculture. Oxford: Oxford University Press, 2004.
31. Sobre citrocromo C, ver <https://pt.wikipedia.org/wiki/Citocromo_c>. Acesso em janeiro de 2019.
32. Sobre a titina, ver <https://pt.wikipedia.org/wiki/Titina>. Acesso em janeiro de 2019.
33. Nelson, D. L.; Cox, M. M. *Princípios de bioquímica de Lehninger*. 5. ed. Porto Alegre: Artmed, 2009.
34. Texto preparado por Maria Cristina de Albuquerque Barbosa, Nutricionista e Doutora em Ciência de Alimentos pela UFV. É professora na Universidade Federal de Juiz de Fora (UFJF), Campus Governador Valadares.
35. Tie, X.; Zhang, R.; Brasseur, G.; Lei, W. Global NO_x production by lightning. *J. Atm. Chem.*, v. 43, p. 61-74, 2002.
36. https://pt.wikipedia.org/wiki/População_mundial. Acesso em janeiro de 2019.
37. Leigh, G. L., op. cit., p. 78-86.
38. Leigh, G. L., op. cit., p. 121.
39. Leigh, G. J. op. cit., p. 121-124.
40. Eyde, H. S. The manufacture of nitrates from the atmosphere by the electric arc-Birkeland-Eyde process. *J. Royal Soc. Arts*, v. 57, p. 568-576, 1909.
41. Chagas, A. P. A síntese da amônia: alguns aspectos históricos. *Química Nova*, v. 30, p. 240-247, 2007.
42. Sheppard, D. Robert Le Rossignol, 1884-1976: Engineer of the "Haber" process. *Notes and Records*, v. 71, p. 263-296, 2017. Este trabalho é uma excelente referência que descreve em detalhes a contribuição de Le Rossignol para o desenvolvimento da metodologia de síntese da amônia a partir de nitrogênio e hidrogênio gasosos e outros aspectos de sua vida pessoal e profissional
43. Malpighi, M. *Anatomes plantarum pars altera*. London: Martyn, 1679.
44. Liebig, J. V. *Chemistry and its applications to agriculture and physiology*. 3. ed. Londres: Taylor and Walton, 1943. Essa edição foi preparada por Lyon Playfair a partir do manuscrito original do autor.

45. Scharrer, K. Justus von Liebig and today's agricultural chemistry. *J. Chem. Ed.*, v.26, p. 515-518, 1949. Nesse artigo, o autor apresenta excelente avaliação do impacto das contribuições de Liebig sobre o desenvolvimento da agricultura.

46. Lawes, J. B.; Gilbert, J. H.; Pugh, E. On the sources of the nitrogen of vegetation; with special reference to the question whether plants assimilate free or uncombined Nitrogen. *Phil. Trans. R. Soc. Lond*, v. 151, p. 431-580, 1861.

47. N. H. J. M. The fixation of nitrogen. *Nature*, v. 42, p. 41-42, 1890.

48. Baldani, J. L.; Baldani, V. L. D. History on the biological nitrogen fixation research in the graminaceous plants: special emphasis on the Brazilian experience. *An. Acad Bras Cienc.*, v. 77, p. 549-579, 2005.

49. Carnahan, J. E.; Mortenson, L. E.; Mower, H. F.; Castle, J. E. Nitrogen fixation in cell-free extracts of *Clostridium pasteurianum*. *Biochim. Biophys. Acta*, v. 44, p. 520-535, 1960.

50. Hu, Y.; Ribbe, R. W. A journey into the active center of nitrogenase. *J. Bio. Inorg. Chem.*, v. 19, p. 731-736, 2014.

51. Nutman, P. S. Centenary lecture on nitrogen fixation. *Phil. Trans. R. Soc. Lond. B.*, v. 317, p. 69-106, 1987.

52. Arnon, D. I.; Stout, P. R. The essentiality of eertain elements in minute quantity for plants with special reference to copper. *Plant Physiology*, v. 14, p. 371-375, 1939.

53. Marschner, P. *Marschner's mineral nutrition of higher plant.* 3rd. Elsevier, 2012. 651 p.

54. Broyer, T. C.; Carlton, A. B.; Johnson, C. M.; Stout, P. R. Chlorine – A micronutrient element for higher plants. *Plant Physiol.*, v. 29, p. 526-532, 1954.

55. Brown, P. H.; Welch, R. M.; Cary, E. E. Nickel: a micronutrient essential for higher plants. *Plant Physiol.*, v. 85, p. 801-803, 1987.

56. Taiz, Lincoln; Zeiger, Eduardo; Moller, Ian Max; Murphy, Angus. *Fisiologia e desenvolvimento vegetal.* (página 171). Edição do Kindle.

57. Raij, B van. *Fertilidade do solo e manejo dos nutrientes.* Piracicaba, SP: International Plant Nutrition Institute, 2011. 420 p.

58. IBGE. Disponível em: <https://www.ibge.gov.br/estatisticas-novoportal/economicas/agricultura-e-pecuaria/9201-levantamento-sistematico-da-producao-agricola.html?=&t=resultados>. Acesso em: 29 jan. 2019.

59. IPNI. Disponível em: <http://brasil.ipni.net/article/BRS-3132#evolucao>. Acesso em: 29 jan. 2019.

60. FAO. *World fertilizer trends and outlook to 2018*. Disponível em: <http://www.fao.org/3/a-i4324e.pdf>. Acesso em: 29 jan. 2019.

61. Hungria, M.; Campo, R. J.; Mendes, I. C. *A importância do processo de fixação biológica do nitrogênio para a cultura da soja*: componente essencial para a competitividade do produto. Londrina, PR: Embrapa Soja, 2007. 80 p. (Documento 283).

62. Stevson, F. J. *Cycles of soil*: carbon, nitrogen, phosphorus, sulfur, micronutrients. New York: John Wiley & Sons, 1985. 380 p.

63. Foth, H. D.; Ellis, B. G. *Soil fertility*. 2. ed. Boca Raton: Lewis Publishers, 1996. 290 p.

64. Cantarella, H. Nitrogênio. In: Novais, R. F.; Alvarez, V. H.; Barros, N. F.; Fontes, R. L. F.; Cantarutti, R. B.; Neves, J. C. L. *Fertilidade do solo*. Viçosa, MG: SBCS, 2007. 1017 p.

65. Holloway, J. M.; Dahlgren, R. A. Nitrogen in rock: occurrences and biogeochemical implications. *Global Biogeochem. Cycles*, v. 16, p. 1118, 2002.

66. Fowler, D. et al. The global nitrogen cycle in the twenty-first century. *Phil Trans R. Soc. B.*, v. 368, p. 20130164, 2013.

67. Texto preparado por Mara Lúcia Albuquerque Pereira, Bióloga e Doutora em Zootecnia pela UFV. É professora da Universidade Estadual do Sudoeste da Bahia (UESB).

68. Santos, E. T.; Pereira, M. L. A.; da Silva, C. F. P. G.; Souza-Neta, L. C.; Geris, R.; Martins, D.; Santana, A. E. G.; Barbosa, L. C. A.; Silva, H. G. O.; Freitas, G. C. F.; Figueiredo, M. P.; Oliveira, F. F.; Batista, R. Antibacterial activity of the alkaloid-enriched extract from *Prosopis juliflora* pods and its influence on *in vitro* ruminal digestion. *Int. J. Mol. Sci.*, v. 14, p. 8496-8516, 2013.

69. Texto preparado por Célia Regina Álvares Maltha, Farmacêutica e Doutora em Química pela UFMG. É professora da Universidade Federal de Viçosa (UFV).

GLOSSÁRIO[69]

ADP – Sigla da substância difosfato de adenosina, que deriva do termo em inglês *adenosine diphosphate*. A energia requerida pelas células para realização de suas funções vitais, como transporte de moléculas, divisão celular e metabolismo, é oriunda, em parte, da conversão de moléculas de ATP em moléculas de ADP.

Aposematismo – Estratégia de defesa que alguns animais – incluindo vários insetos – adquirirem ao longo da evolução para afastar seus possíveis predadores. Por exemplo, apresentam um padrão de coloração viva e marcante (aposemática), que tem como finalidade advertir seus inimigos naturais sobre sua toxicidade.

Alcaloides pirrolizidínicos – Classe química de produtos naturais, com estrutura derivada de aminoácidos, com um anel [3.3.0]azabiciclo semelhante ao da pirrolizidina. De maneira geral, são monoésteres ou diésteres (macrocíclicos ou acíclicos) formados por uma base denominada necina (aminoálcool) com uma ou duas unidades de um ácido nécico (geralmente, um ácido carboxílico alifático, mono ou dicarboxílico). Um exemplo é a monocrotalina, alcaloide pirrolizidínico presente em *Crotalaria* spp, geralmente na sua forma oxidada (*N*-óxido), cuja estrutura é:

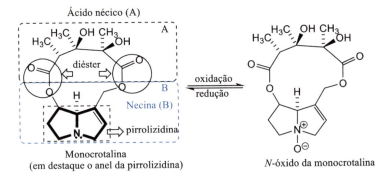

ATP – Sigla da substância trifosfato de adenosina, que deriva do termo em inglês *adenosine triphosphate*.

Ciclo biogeoquímico – Ciclo de transformações químicas, no ambiente geológico, que envolve um elemento químico ou substâncias químicas essenciais à vida. O nome biogeoquímico traduz a interação entre os seres vivos (*bio*), o ambiente terrestre (*geo*) e os elementos químicos (*químico*). Os principais ciclos biogeoquímicos encontrados na natureza são o ciclo da água, do carbono, do oxigênio e do nitrogênio.

Criogenia – Ciência que estuda tecnologias para a produção de temperaturas muito baixas (abaixo de -150 °C), principalmente até a temperatura de ebulição do nitrogênio líquido (-195,5 °C; pressão atmosférica), ou, ainda, mais baixas. Nitrogênio líquido é o elemento mais utilizado em criogenia. O comércio internacional de gás natural (metano) é feito em sua forma criogênica, líquida (ponto de ebulição = -161,6 °C; pressão atmosférica).

Decaimento radioativo – Propriedade que núcleos atômicos instáveis têm de emitir espontaneamente partículas (p. ex. alfa (α) e beta (β)) ou radiações eletromagnéticas (p. ex. radiação gama (γ)), transformando-se em núcleos atômicos mais estáveis. Após a emissão de uma partícula α (correspondente a 2 prótons + 2 nêutrons), o elemento rádio (Ra, 88 prótons), por exemplo, transforma-se no elemento radônio (Rn, 86 prótons).

Energia de ativação – Diferença de energia entre os reagentes e o estado de transição, o que se define como estruturas de maior energia envolvida em uma reação química.

Entalpia de ligação – Grandeza física que expressa a variação de energia (calor, se a pressão do sistema for constante) envolvida na cisão ou formação de ligações estabelecidas durante uma reação química. Como regra, a cisão de ligações é um processo endotérmico e necessita de energia para que aconteça, enquanto a formação é um processo exotérmico, que ocorre com liberação de energia.

Estifinato de chumbo – Nome comum da substância 2,4,6-trinitroresorcinato de chumbo, derivada do ácido estifínico. Trata-se de uma substância tóxica, utilizada como componente de espoletas e algumas misturas detonadoras de explosivos.

Estifinato de chumbo   Ácido estifínico

Feromônio – Substância ou mistura de substâncias secretadas por um indivíduo e recebidas por outro da mesma espécie, provocando uma reação comportamental específica ou um processo de desenvolvimento fisiológico também específico. É classificado de acordo com as diferentes funções que exerce, podendo ser feromônio de alarme, trilha, ataque, oviposição, agregação e de atração sexual.

Higroscópico – Substância ou material com grande afinidade pela água. Podem ser utilizados como desumidificantes, em embalagens ou em ambientes. Agentes higroscópicos comumente usados em laboratório incluem: sulfato de sódio, sulfato de magnésio, cloreto de cálcio, sílica e sulfato de cobre. Esses compostos sólidos retêm certa quantidade de água na estrutura cristalina, formando o que chamamos de hidratos. Por exemplo, cristais de sulfato de cobre ($CuSO_4$) em sua forma anidra são brancos, porém, quando hidratados ($CuSO_4 \cdot 5H_2O$), tomam a coloração azul intensa.

HMX – Sigla da substância ciclotetrametilenotetranitroamina, também conhecida como octogênio, derivada do termo em inglês *High Melting Point Explosive* (literalmente, explosivo de alta temperatura de fusão).

Ionóforo – Substância lipossolúvel, geralmente sintetizada por microrganismos, com a função de transportar íons através da bicamada lipídica da membrana celular. É utilizada na formulação de antibióticos e também na produção de ração para ruminantes.

Liquefação – Conversão de uma substância no estado gasoso para o estado líquido. Pode ser obtida mediante variações da temperatura e, ou, da pressão. A liquefação é uma operação eficiente para o transporte de gases derivados do petróleo, como o butano e o Gás Liquefeito de Petróleo (GLP), pois o seu transporte por meio de gasodutos exige tecnologias de elevado custo.

Macrófagos – Células do organismo que intervêm na defesa do organismo contra infecções. A palavra tem sua origem nos termos gregos *makro* (grande) e *phagein* (come). Alertam o organismo sobre a presença de agente estranho, sendo, portanto, essenciais para o funcionamento eficiente do sistema imunológico.

Mutualismo – Associação entre populações diferentes em que ambas se beneficiam, podendo estabelecer ou não interdependência fisiológica. Por exemplo, bactérias do gênero *Rhizobium*, fixadoras de nitrogênio, condicionam o bom desenvolvimento de leguminosas; tipicamente, uma relação de mutualismo de microrganismos e raízes das plantas que lhes fornecem abrigo.

Nitropenta – Nome comum da substância tetranitrato de pentaeritritol, também conhecida como tetranitrato de eritrina:

$$O_2N\text{-}O\text{-}CH_2\text{-}C(CH_2\text{-}O\text{-}NO_2)_2\text{-}CH_2\text{-}O\text{-}NO_2$$

Oxidante – Substância ou agente aceptor de elétrons, responsável, pois, por promover a reação de oxidação. O oxigênio é o agente oxidante mais comum, uma vez que combina com relativa facilidade com outros elementos, produzindo os óxidos correspondentes.

Reação de oxirredução – É uma reação em que ocorre a transferência de um ou mais elétrons de uma espécie química para outra. Durante este processo, o reagente que perde elétrons é oxidado e o que recebe elétrons, reduzido. Sempre que houver oxidação, haverá também redução correspondente.

Redutor – Substância ou agente doador de elétrons, responsável por promover a reação de redução. Carbono e hidrogênio são importantes agentes redutores utilizados na obtenção de metais a partir de seus óxidos.

Rizóbios – Bactérias do solo que possuem habilidade para induzir a formação de nódulos nas raízes e, em alguns casos, no caule de plantas leguminosas; na associação simbiótica, convertem o nitrogênio atmosférico em formas fisiologicamente utilizáveis pela planta hospedeira.

RDX – Sigla da substância ciclotetrametilenotetranitroamina, também conhecida como ciclonita, hexogênio (particularmente nas línguas de influência russa, francesa e alemã) ou T4. As iniciais RDX surgiram de uma estratégia da Grã-Bretanha, na década de 1930, para desenvolver em sigilo um explosivo mais potente que o TNT. Então, a ciclonita foi nomeada pelas iniciais de *Research Department Explosive* (Departamento de Pesquisa em Explosivos).

Seres aeróbicos – Seres vivos que utilizam o oxigênio como aceptor de elétrons (agente oxidante) durante o metabolismo de nutrientes, como a glicose, para geração de energia. O processo bioquímico conhecido como respiração celular aeróbia (ou aeróbica) ocorre nas células de todos os animais, sejam eles vertebrados, sejam invertebrados.

Seres anaeróbicos – Seres vivos que não necessitam de oxigênio para sobreviver e realizam suas funções metabólicas vitais utilizando compostos como sulfatos, carbonatos e nitratos. O processo bioquímico conhecido como respiração celular anaeróbia (ou anaeróbica) ocorre na ausência de oxigênio. A bactéria *Clostridium tetani*, causadora do tétano, é um microrganismo anaeróbio.

Umectante – Substância hidrofílica (capaz de se associar, na escala molecular, e se dissolver em água) que causa umectação (*que umedece*). É bastante utilizado na indústria de cosméticos, por proporcionar a manutenção da umidade natural da pele.

OS AUTORES

Luiz Cláudio de Almeida Barbosa, natural de Além Paraíba, MG, é graduado em Química e mestre em Agroquímica, na área de Físico-Química, pela Universidade Federal de Viçosa (UFV) – com aperfeiçoamento em Química de Produtos Naturais pela Universidade Federal de Minas Gerais (UFMG) – e Ph.D. na área de Síntese Orgânica pela Universidade de Reading (Inglaterra). Realizou estágio de pós-doutoramento na Universidade de Oxford (Inglaterra).

Foi Professor Titular do Departamento de Química da UFV até 2012, quando se tornou professor da UFMG. Pesquisador do CNPq desde 1992, Luiz Cláudio publicou mais de 270 artigos científicos nas áreas de Síntese Orgânica, Química de Produtos Naturais, Óleos Essenciais e Química de Papel e Celulose. Orientou e coorientou dezenas de estudantes de mestrado e doutorado e foi pesquisador visitante nas Universidades de Reading e Warwick, ambas na Inglaterra. É sócio da Sociedade Brasileira de Química desde 1978, membro da Royal Society of Chemistry (Inglaterra) desde 1989 e também membro afiliado da International Union of Pure and Applied Chemistry (IUPAC) desde esse ano.

É autor do livro-texto **INTRODUÇÃO À QUÍMICA ORGÂNICA**, publicado inicialmente pela Editora UFV (www.livraria.ufv.br) e, em segunda edição, pela Pearson Education do Brasil (www.prenhall.com/barbosa_br). Publicou também pela Editora UFV as obras "Os Pesticidas, o Homem e o Meio Ambiente" e "Espectroscopia no Infravermelho na Caracterização de Compostos Orgânicos".

Reinaldo Bertola Cantarutti, natural de Barbacena, MG, é engenheiro-agrônomo (1977), mestre (1980) e doutor (1996) em Solos e Nutrição de Plantas pela UFV. Fez especialização em Investigación de Pasturas Tropicales (1981) no Centro Internacional de Agricultura Tropical – CIAT,

Colômbia, onde permaneceu como Interno Posgrado no Programa de Suelos e Nutricion de Plantas Forrajeras.

Foi Pesquisador Auxiliar da EPAMIG-MG (1978-1980), atuando no projeto Fosfato Natural, no Departamento de Solos da UFV, e Pesquisador do Centro de Pesquisas do Cacau da CEPLAC, BA (1980-1995), onde trabalhou nas áreas de Fertilidade do Solo, Nutrição de Plantas Forrageiras e Adubação de Pastagens. Nesse período, foi representante brasileiro na Red Internacional de Evaluación de Pasturas Tropicales, coordenada pelo CIAT. Desde 1996, é docente da UFV, sendo Professor Titular desde agosto de 2017. Professor Orientador do Programa de Pós-Graduação em Solos e Nutrição de Plantas do Departamento de Solos da UFV desde 1996, orientou e coorientou cerca de 90 estudantes de mestrado e de doutorado. Atua no ensino de graduação e pós-graduação na área de Fertilidade do Solo, com pesquisas focadas em avaliação da fertilidade do solo, sistemas de recomendações de adubação das culturas, dinâmica do nitrogênio no contínuo solo–planta–atmosfera. Nos últimos 10 anos, intensificou pesquisas na área de Avaliação e Desenvolvimento de Fertilizantes Nitrogenados, com ênfase no uso de produtos químicos com potencial para a produção de fertilizantes nitrogenados de liberação lenta ou liberação controlada. Além de sócio da Sociedade Brasileira de Ciência do Solo (SBCS) desde 1980, tem participação ativa na gestão da SBCS: Tesoureiro (2001-2011), Secretário Geral desde 2012, Editor-Chefe interino da Revista Brasileira de Ciência do Solo (2014-2015) e seu Editor Executivo desde 2015. É Pesquisador do CNPq desde 1997.

 Sociedade Brasileira de Química

Uma produção SBQ - Sociedade Brasileira
de Química www.sbq.org.br

⊙ editoraletramento   🌐 editoraletramento.com.br
ⓕ editoraletramento   (in) company/grupoeditorialletramento
🐦 grupoletramento   ✉ contato@editoraletramento.com.br